乐享

NOT IMPOSSIBLE

The Art and Joy of Doing What Couldn't Be Done

挑战不可能之事的艺术与乐趣

[美] 米克·艾柏林（Mick Ebeling）◎ 著

区茵婷 ◎ 译

中国财经出版传媒集团
中国财政经济出版社

图书在版编目（CIP）数据

乐享：挑战不可能之事的艺术与乐趣 /（美）米克·艾柏林著；区茵婷译.—北京：中国财政经济出版社，2018.4

书名原文：Not Impossible

ISBN 978－7－5095－7586－4

Ⅰ.①乐… Ⅱ.①米…②区… Ⅲ.①成功心理－通俗读物 Ⅳ.①B848.4－49

中国版本图书馆 CIP 数据核字（2017）第 307145 号

NOT IMPOSSIBLE：The Art and Joy of Doing What Couldn't Be Done
by Mick Ebeling

著作权合同登记号：01－2016－5169

责任编辑：周水琴　　责任印制：刘春年
责任校对：张　凡　　版式设计：丁丁图文

中国财政经济出版社出版

URL：http://www.cfeph.cn

E－mail：cfeph@cfeph.cn

社址：北京市海淀区阜成路甲 28 号　邮政编码：100142
营销中心电话：010－88191537　北京财经书店电话：010－64033436
北京时捷印刷有限公司印刷　各地新华书店经销
880×1230 毫米　32 开　9.25 印张　198 000 字
2018 年 4 月第 1 版　2018 年 4 月北京第 1 次印刷
定价：42.00 元
ISBN 978－7－5095－7586－4
（图书出现印装问题，本社负责调换）
本社质量投诉电话：010－88190744
反盗版举报热线：010－88191661　QQ：2242791300

致爸爸、妈妈和旁普斯：
你们让我实现了可能。

致卡斯凯、安格斯、博和崔斯：
你们让我实现了可能。

不管你觉得自己行或不行，
你都是对的。
——亨利·福特（Henry Ford）

目 录

第一章
旧瓶装新酒，自己动手做

从警察局被放出来都已经三天了，但他还是心有余悸。对着辆独轮手推车拍了张照片就被逮进警察局，这很难让人不抓狂。

这里是朱巴，新成立没多久的南苏丹共和国古老的首都。现在本该是旱季，雨却每天下个不停。相比这个国家的其他城镇，朱巴算是相对发达的了，但我们下榻的酒店四周的大部分道路都还不是柏油路，所以我也就有幸亲身体会什么叫"身陷泥淖"。这里的泥有两种，一种是我们平日所见的褐色泥巴，另外一种则是奇奇怪怪的黑乎乎滑溜溜的，踩下去有点像踩到糖浆里一样，几乎没法走。四处张望，肯定能看到有人摔得浑身是泥。但大家似乎都不会因此而不开心，而是站起来，甚至都懒得停下脚步把自己弄干净，便继续前行。

而且，每次有谁在泥沼里摔倒了，大家笑得可欢了。这多少会让人觉得尴尬吧！你的第一反应肯定是，"大哥，你好没礼貌啊！"可随后你就会意识到，其实笑出来也挺合理的。

摔了，你会笑。

因为，小命还在。

这就是战区的生活。至少，这是我个人的感觉。这是与这里和时刻被难以想象的恐惧感攫住的人们共同生活了几天后，我个人的感觉。经历过那么多苦难，衣服上有没有泥巴，对他们来讲根本就是一件不足挂齿的小事。

雨完全没有要停的意思。我最担心的是，雨要是不停，有关当局是不会允许我们离开的。他们会说，跑道太滑，机身太重。那样的话，我们就没办法去伊达地区——邻近苏丹共和国，有约七万难民容身的难民营区。若不能尽快离开当地到伊达去，我可能会疯掉，因为我和我的团队这么多个月以来所做的一切，就是为了去伊达。所以，我们真的可以说是身陷泥淖了。

不过，百无聊赖地被困在这里，倒是给了我时间好好反思我们嘴里说的“我们正在做的这件疯狂事”——说是“使命”吧，未免太自吹自擂了，我们甚至没有严密的组织，这事连“计划”二字都称不上。不过，我们倒是有清晰的目标。就在几个月前第一次听说有个叫丹尼尔的男孩在战区里被炸没了双臂一事，我就想着要到非洲来了。也差不多是在那段时间，我第一次听说生产假肢多了种新的可能性：不需要经过医学相关部门，通过疯狂黑客的那套 DIY[①] 方式（简单来说，就是我的方式），只要一台现成的 3D 打印机。

那一刻，我灵光一闪，或许我可以帮丹尼尔把双臂给打印出来。而我也决定一试。

在朱巴等待出发到伊达找丹尼尔的时候，我遇见过不少人，他们的生活有常态化的一面——无论何时何地，大家都在过自己的生活，做生意的做生意，吃饭的吃饭，串门的串门，走在路上尽量不摔跤——而神经过敏的一面也随时随地如影随形。不管是在苏丹的

① DIY：Do It Yourself，缩写为 DIY，意为“自己动手”。——译者注

冲突区还是在南苏丹的这个地方，暴力和敌意永远蛰伏在看似宁静的外表之下，随时都有可能一触即发，让这里的气氛变得十分紧张，似乎随时都可以体会到那种紧张的气氛。这里的人们见过炸弹从天而降，目睹过孩子的手臂在他们面前被炸飞，经历过家人不明原因地被活生生杀掉，甚至连年迈的祖父母和襁褓中的婴儿也无一幸免。在他们面前，你能感受到那种灾难迫在眉睫的紧张，就如同你感知暴风雨前的宁静。

有人跟我说，这里每个人都在家里藏了把 AK-47（AK-47 突击步枪）。这或许有点夸张，但想想也觉得很可怕。

那天我们正在拍背景照片，以便用来记录我们做的这件疯狂事，顺便当是打发打发离开朱巴前的时间。期间，一群孩子冲我们跑过来，用好几种不同的语言说个不停，通过翻译我们才知道，原来他们在说："拍照！拍照！帮我拍照！"

之后，我们在附近拍一个棚屋——棚屋不大，前面放着一辆蓝色的独轮手推车——这时，一个身穿硬挺上衣、戴着一副极大的飞行员墨镜，一看就知道是军人的男人出现，不知道对着我们的照片说些什么。但从他的语气来判断，显然不是"帮我拍照"！然后，我们一行人就被拽到警察局去解释我们在那里的行为了。

我这时才突然意识到，自己对南苏丹的了解有多么不足，对如何完成此行目的准备有多么不充分。

我不是学医的，不是制造业或者 3D 打印的专家，也不太了解非洲，不了解炸弹，不了解苏丹人民解放军（SPLA），甚至说不太清楚我们到底在干吗。

我是一名监制，做的是和电影、电视节目相关的事，拍广告，拍预告片，应各类客户的要求给他们拍视频。我给一些大制作的电影弄过片尾字幕，也给客户设计过图表，我还开了公司，是好几个董事会的董事，还推动了一些非营利性活动。

所以，当警察决定放了我们，让我们在朱巴的雨和泥里规规矩矩地等机会到伊达难民营的时候，我脑海里一直盘旋着一个问题：我到底是怎么到这儿来的？

◆

首先，我得从洛杉矶飞到约翰内斯堡。在那一段行程上，我一直尝试忽视这个问题。那一趟行程因为我们养的狗乔治亚而延期了一天。乔治亚是一头漂亮的棕色拳师犬，在我身边16年了，一直是我忠实的朋友，但它快不行了，这时候离它而去、错过最后的道别机会，我感觉不妥。我们纠结了一整天，不知该怎么办：要在我出发之前让它安乐死吗？感觉也不妥。那样像是因为我的事而急着送走它似的。于是我决定把行程推到次日。当天傍晚，乔治亚看起来真的不行了，于是我们给兽医打电话，让他晚上9点到家里来，那样的话我们一家，包括我、我妻子卡斯凯和3个孩子都能跟乔治亚道别了。

兽医来晚了，9点37分才到。而正是在他到的3分钟前，乔治亚居然奇迹般地起身，像玩偶盒里弹出来的玩偶一样，在屋子里来回走动，吃东西，喝水。兽医一出现，它就朝他发了疯似的一个劲地狂吠。它平常可不怎么对来客凶的。于是兽医说：“嗯，我今天不会给它安乐死。它还没决定要离开。”

我们把那视作这趟行程的好兆头。但在飞机上，在翻开书看的时候，我才开始认真地想我到底是去哪儿。这本书叫《战火从天而降》（*They Poured Fire on Us from the Sky*），讲述的是三名苏丹“迷途之子”的真实悲惨经历。在苏丹，冲突的部族和军队无差别地杀戮，不分男女老少对其进行折磨拷问。在那里，记者简直就像缠着人不放的蚊子那么让人讨厌，干掉他们比较省事。我想象着我生命结束之前的最后一幕是大喊一句“我不是记者”！我也才意识到对于面前的路，我准备得很不充分。

可过去两年我一直和公司里那些杰出的绅士、女士相处，准确地说，是疯狂的绅士和女士。这一趟行程我肩负着“没有不可能实验室”（Not Impossible Labs）的使命。那是我创立的公司，专门尝试绕开医疗机构和保险公司，绕开从中阻挠的一切大机构，通过DIY的方式去解决一些看似没办法解决的医疗难题，用省成本的方法达到相同的目的，再把方法免费扩散出去。

留在我身边的，都是支持着我继续走这条疯狂之路的人，他们把自己定义为黑客和创客①，现在连我也这么定义自己了。这就是本书的主旨，关于DIY，同时重新定义DIY。

在我沉思DIY的概念时，机窗外飘着小雨，而机翼上那有规律地一闪一闪的红灯似乎要把我催眠了。DIY的概念既如黎明般

---

① 创客：原文为“maker”，指热衷于创作实践，酷爱科技，并以分享技术和交流思想为乐的人。——译者注

古老，亦如 3D 打印般崭新。有人说，DIY 的方式正在改变美国经济的发展模式。这我说不好，不过它改变着我的工作方式倒是真的，并且也改变着我们的思考模式。

就职业上来讲，我是名执行监制，所以我可以充当这趟行程的监制，也就是说，保证资金来源，聘请相关人员，安排路线和交通工具，给组员“猛灌”这次行动的目标，充当啦啦队队长、训导主任、科任老师、安排者……我会去做所有你能数出来的那些执行监制要做的事，最后，让所有人承载我最衷心美好的祝愿后将他们推上路。

但从某种意义上来说，我猜，DIY 的概念是要你自己实实在在去做。所以，我不只是坐在办公室里策划行程；所以，我才会在这里，在机舱里，在雨夜中，在昏暗的空间内，做着和我以往所做的一切大相径庭的事。

几个小时后，我就要踏上约翰内斯堡的土地。在那里，我们顶多花一个星期的时间学习如何靠一台 3D 打印机和一些从五金店买来的零件弄出一只假肢，其他人要学这门技术至少得花上数月。为了转移自己的注意力，我在机位上选了部电影看。《弱点》（*The Blind Side*），说的是桑德拉·布洛克饰演的女性收养了一名极具运动天赋的孤儿，孩子后来成为一名非凡橄榄球员的故事。看到电影尾声，我发现自己居然在哭，泪水顺着脸颊缓缓地往下流，一如在机窗外缓缓下滑的雨滴。这些飞机上精选的电影似乎总能把我弄哭，一来可能跟时差和高空空气有关，二来可能是因为困在这庞大的金属胶囊里被以时速近千公里的高速推动前行的无力感，还可能是因为我们这次行动的盲目信念。但如果我对自己足够诚实的话，或许我还在为另外一个原因落泪。

电影结束后，我趁着飞机还未降落，起身在机舱里走动。飞机左边，太阳冉冉升起，新的一天开始了。对我来说，这新的一天意味着更多。我把孩子们留在洛杉矶，小子们正准备着第一个我缺席的万圣节，很可能还有第一个我缺席的感恩节。而在我面前，老实说，我不知道前路会怎样。

在这中转的时刻（在我过去与未来的相交点，我是认真的），我在忖度着那个一直压在心头的问题的答案：把我带到这儿来，让我单凭一股信念去勇闯未知，让我坚信一定有方法去挑战逆境、唱反调的否决者和自身的不安全感，去完成所有人都跟你说的不可能的事，到底是什么？我是怎么来到这个将会把我引往终极试炼的地方的？

我真的能让不可能转变为可能吗？

我能以一种可传达的方式（可与他人分享，让其他人也可以将不可能转变为可能）来完成它吗？

不过，有一点，我倒是可以肯定：我将押上人生作赌注。

第二章

说“行”的生活乐趣多

有件事我得先说明一下。

以前，我从没想过要带着台3D打印机到南苏丹去给一个在冲突中没了双臂的孩子做假肢，也没想过要成立一个基金会或一家公司，找人写下那些他们没办法解决的医疗问题，或是集结一堆黑客、艺术家、诗人、学者等各类狂热者，看他们能否解决这些问题。

过去，我从不了解说“行”的魅力，不了解投身于“没有不可能”的这种生活方式能为你带来多么强大的能量，不了解这种生活方式能为你的事业或者你的灵魂带来多么大的改变。然而，在那之后的许多年里，正是这股说“行”的强大能量，成为指引我前行的明灯，温暖了寂冷的夜，当我想要挺起腰杆的时候，也是这股能量告诉我要在哪里站住脚。

我生来，不是为了要去知道上面提及的这些事的。

我生来，是为了去冲浪的。

那是新千年的元旦前夕（阳历即将转到2000年，但也有学者认为2001年才是新千年的正式开始），我和太太卡斯凯决定到哥斯达黎加庆祝新千年的到来。几天后，我们又去哥斯达黎加毗邻太平洋的一个叫马尔帕伊斯的小村庄，入住一家包早餐的旅馆，在假期里再偷一个小闲。

小镇离闹区很远，正合我们心意。那天，我们开着四驱车到距离我们下榻旅馆大约 1600 公里远的热门冲浪点。路上为了避一群开着摩托车的孩子，车还差点陷到沟渠里去。那群孩子一手抓车把，一手抱着冲浪板，显然是已经冲完浪回来了，而我们才准备要开始。从他们的样子来看，冲浪点距离这里还很远。

马尔帕伊斯那边的浪潮很有挑战性，正是我想找的冲浪点。涨潮的时候，有些浪涛是很有规律的，但也不乏变化。从小这种挑战的刺激感就能让我很兴奋：如果我做的事不带一点危险性，不带一点不安全感，那就没有值得我去做的意义。

我猜做生意也得带点那种刺激感才行吧。如果你一味担心失败了怎么办，你就永远不可能给成功多大机会。而冲浪时逆流而上和往突然涌起的浪头里冲的那种感觉也是没有任何事能与之相媲美的，那会让你知道何谓活在当下，知道脑海里只能有成功的意念，因为一旦你开始自我怀疑，你就永远也无法起程。

卡斯凯在岸上看书，我踏进海里，准备看准浪涛就起程了，感觉良好。阳光撒落，海面如万千美钻散发出迷人光辉，风自岸边吹来，浪头托起浪花让跃向半空的水滴多享受一刻凌空的瞬间再重新汇入海洋，这里就是你理想的世外桃源——冲浪的这些美妙时刻会让你觉得世界上的一切都是那么美好。

而就在这时，一个身材高壮、毛发浓密的男人却向我这边走过来，还大声嚷嚷：“嗨！哟！伙计！”一下就把我美好的瞬间给彻底毁了。

不是我小心眼。说真的，换了是你，从家大老远地跑来这偏僻的小镇，只想一个人静静地冲一下浪，度一个只属于自己的假，你肯定不想把这难得的私人假期跟一个塞着艳橘色耳机、突然闯进你私人空间的聒噪男人一起分享吧。

当时我只想给自己的世界围起一堵高墙，把自己圈在中心，结果那堵墙却被硬生生地撞倒了。现在回想起来，那一刻似乎是命中注定的，是一个再明显不过的信号，昭示着我日后将要学到的一切以及日后人生将要发生的一切。

但这是我现在的感觉，不是当时的。当时我心里只有一个想法：闭嘴！滚！把我的完美时刻还我！

他才不会如我意呢！

“尤比！尤比！”那个男人冲我喊。一开始我还以为他说的不是英语。我西班牙语说得挺溜的，但完全听不懂他到底在跟我说什么。

“尤比！你呢？”他大声喊，音量盖过冲刷的浪声。我叫……尤比？真不知道该说什么了。

“Lo siento，amigo，no entiendo.”我尝试用西班牙语跟他沟通：“抱歉，朋友，我不懂你在说什么。”

“我是说，我叫尤比，”他又喊道，“你叫什么名字？”

噢。

我们在冲浪板上悠闲地滑着水，聊了一阵，没几分钟我就发现尤比其实是个很好的人。可我还是得提醒你，他嗓门真的很大，毕竟塞着耳机，但人真的很好。越聊那种先入为主认定他是偷了我私人冲浪圣地的混蛋的罪恶感就越强烈。你说不是吗？我也就是一个比他早到5分钟的游客而已，却装得整个海滩都是我的一样，到底谁才是混蛋？所幸的是，尤比是个开朗外向的人，之前我向他宣泄的所有不良情绪，全像冲上沙滩的海浪那样自然地消散得无影无踪。我们一起冲了好几个小时浪，期间我发现他应该是和谁一起来的，一个女人，和卡斯凯在一棵长得特别高大、枝叶特别茂盛的棕榈树树荫下聊天。踏上岸时，他跟我们介绍那是他女友。对方很漂亮：轮廓优美，给人高贵的感觉，无论是头发、皮肤还是其他的都完美得无可挑剔。任谁看见一个超模一般火辣的女生和一个外形跟完美挨不上边的男人走在一起都会与我有同样想法吧：天杀的，她是怎么跟他扯到一起的？

到了傍晚，我们约着一起出去喝东西时，我懂了。因为你不可能遇到比尤比更风趣幽默、更活力四射的人了。他比在海里看起来还要高大（身高1.95米左右，体重至少240斤），但相比身材，他的人品更让人印象深刻。

那天跟他们一起吃过午餐和晚饭，第二天早上我们走进餐厅吃早餐的时候，又见他夸张地挥着巨臂邀请我们加入。跟他一起好玩是好玩，但我也想要自己的二人世界，昨天认识尤比和他女友后，我跟卡斯凯独处的时间似乎连5分钟都不到，所以我只能说声抱歉了。我发誓，他的脸真的是瞬间耷拉下来，夸张到我都要以为他下巴要掉到盘里的玉米片上去了。后来回到纽约和他约出来喝东西我才知道为什么。当我问起他女友近况时，他笑得很大声很用力，笑完了才跟我解释：他很抱歉在哥斯达黎加时像跟屁虫一样黏着我们，因为那女生美是美，但整个假期都无理取闹得让他抓狂，所以假期一结束他们就分手了。

应该是假期里一起玩过的关系吧，我们很快就成了朋友，像相知多年的那种。不过像尤比那样的性格要跟人混熟估计不难。人很好，嗓门大得比得上我那台 1964 年款的别克野猫运动轿车的引擎，要他办派对的话，他的马力更是比得上汽车引擎的两倍。那之后的年月里我们都常聚，而且还创造了一个梗：想开派对吗？把尤比找来就行了。

那之后的 7 年里，我们的生活发生了不少变动——卡斯凯和我搬家了，生了孩子，开了公司，买了房子。但有些东西却在我们的生活中没有变过。其中一样是我们的二人世界时间。生活越忙碌，这种仪式性的约会就越显得越重要。因为这会提醒我们，生活不止白天的工作和晚上照顾孩子们吃喝拉撒睡而已。别会错意了，我对 3 个儿子的爱是言语所无法描述，超越你们的想象，但你也得不时和那个与你许下山盟海誓白头到老，就算看过你赤身裸体的样子也依然爱你的成年人外出吃个饭，看个电影。

另一个没变的存在，是尤比。卡斯凯和我搬进威尼斯海滩一家漂亮的新房，当时那里不是治安最好的地区，所以我们在前门安了把电子机械密码锁。大部分朋友都知道锁的密码，不时过来帮我们看看房子，带带孩子，或纯粹来串串门，有几个甚至想什么时候来就什么时候来，也不给你预先打个招呼。而那一晚，就在我们准备出去东京二人世界的时候，尤比自顾自地进来了。

“哟！哟！近来怎样！”一进门就扯着嗓门喊，这不是真的在问我们怎样，只不过是惯性地打声招呼而已。跟在他身后是另一位他的朋友，叫罗杰里奥的男人，尤比有多吵，他就有多安静，两个人真是判若天渊。

“嗨，兄弟，”我说，“最近怎样？我们正准备出去吃个饭，再看个电影……”

“不，你们不会去的！”尤比打断我的话，“你们要跟我们一起来！”

失落的情绪才持续了5秒就被好奇心取代了，尤其是当你知道你避不了，就更没必要花时间去失落。

反正我知道不管我说什么，最终还是会向尤比坚定的意志屈服。他兴致那么高昂，即使相比平日风格而言，那晚他的兴致也是非一般的高。我都懒得跟他理论。我转过头看卡斯凯，而看到她脸上那抹微笑，我就知道，她心里想的和我一样。

我之所以爱卡斯凯，有数不清的理由。她总会以各种方式支持我，包容我的疯狂任性，但我最爱的是，她知道说“行”总比说“不行”有趣得多。决定我工作上要做什么，其实和决定我们生活中要做什么的方式一样：学着怎么跟着感觉走。我们一直都这样，比如说扔铜币正反面来决定生活里的重大安排（这故事我稍后再跟你们说）或是一些随性的小事，还比如说让最后进来的一个人决定我们那晚要做什么。让你内心自我感觉能掌控一切的那一部分做主导，迈出第一步，而剩下的就是开始享受个中乐趣了，一切就是这么开始的。

我们甚至都不知道尤比到底想干什么就答应了。不过他想做的，还当真挺有意思的：去看涂鸦展，这次展览是为了给一名患了卢·格里克症[1]的涂鸦艺术家筹款而办的。我一直都喜欢涂鸦艺术，而很多人不欣赏这种艺术，但我觉得涂鸦是一种通过很真实的手法来确切表达实际感受的艺术。真挚，带点疯狂，不受条条框框束缚。这些都是让我敬佩、让我产生共鸣的特质。

威尼斯海滩的棕榈树在斜阳下拉长了身影，日落前的余晖从太平洋海面折射上来，美，却带着点淡淡的忧伤，洒满洛杉矶大街小巷。我们一行人挤进我那台 1974 年产的蓝白国际侦察型越野车向卡尔弗城出发。空中隐约传来每到周六晚上便在威尼斯海滩响起的非洲鼓乐声。

尤比就是催化剂、生物酶，一种可以引起化学反应、改变一切的物质。是的，他改变了一切。

◆

那时候，“快闪”概念的艺廊、餐馆、活动等刚开始在卡尔弗城兴起。光是听说展览的地点我就知道那肯定很酷，但走进门后，里面的一切还是彻底超乎了我的意料：涂鸦把我们瞬间转移到了另外一个时空，犹如置身于闹市区里最粗糙狂妄的街巷、铁路栈桥的桥底、货仓楼顶、列车旁。

所有涂鸦都被打印成巨大的海报挂在墙上，不像我们平时看到的那样直接画在建筑上，看着感觉有点陌生。但涂鸦依然是涂鸦，

---

① 卢·格里克症：Lou Gehrig's disease，即肌萎缩侧索硬化症，俗称“渐冻人症”，下文通称“肌萎缩侧索硬化症”。——译者注

各种色彩激烈地冲撞，三维构图让巨大的字母好似要从墙上跃然而出，字母交错重叠，形状稀奇古怪，粉、紫、绿、黑、红，还有各种连名字都说不出的颜色对撞，以排山倒海的气势朝你扑涌而来。

这里到处都是时髦的小伙子和他们迷人的女友们，个个都打扮得别具一格。其中不少是涂鸦艺术家，其作品就在这里展览。展室里堆叠起大量喷涂颜料罐，足有1米来高，让10位涂鸦艺术家在这些颜料罐上作画，把它们画成各种有脚的形象，每一位艺术家的特色都非常鲜明。整个展室和这里的所有人，都散发着一股热量，尽管他们跟非涂鸦界人士相处时举止多少有一点矜持和保留。基本上说，他们的艺术品，都是与主流价值观相冲突的，所以他们不太习惯和作品一块公开露脸。这里有很多十六七岁的孩子，他们拿着黑色的本子满展馆跑，到处找这些艺术家要涂鸦签名留念。他们说，这些签名叫“tag”（标签）。但其实严格来说，大家一般都不叫涂鸦式的落款为“tagging”，因为用“tag”或者“tagging”的话就带了些帮派的感觉，所以这些有一定名气的洛杉矶艺术家在建筑外墙或是哪里创作时，他们会管那叫“getting up”（你的名字涂在许多地方时，你的知名度就高了，这就叫getting up）。不管怎样，反正这些孩子开心得像在格莱美颁奖典礼上拿到通行证一样，活像打了兴奋剂——只不过他们对摇滚明星不感兴趣而已。对他们来说，这些涂鸦艺术家就是明星，能跟仰望的明星近距离接触，还能拿到他们的签名，没什么比这更棒的了。

卡斯凯脸上挂着笑容，盯着高高挂在我们面前墙壁上那张颜色异常丰富的海报。上面是一位涂鸦艺术家的名字，是20世纪90

年代他在洛杉矶某面墙上喷涂的名字。

我花了好几秒才看懂上面交错复杂的字母：Tempt。

Tempt即Tempt One[①]，是洛杉矶的一个传奇。罗杰里奥之前就告诉我们，每座城市都有其独特的涂鸦风格。比方说，旧派的纽约地铁车厢涂鸦者“taggers”的风格就跟被称为“cholos”（乔洛斯）的美籍墨西哥裔涂鸦艺术家们的风格很不一样。“cholos”这个词意思很广，但却都是带有歧视性的贬义词，但在涂鸦界里却体现着满满的骄傲和自豪。Tempt就是把这些不同风格混搭成一种全新风格，一种独特的洛杉矶风格的人，跟随他开创风格的涂鸦艺术家，都对他无比崇拜。

尤比和罗杰里奥四处逛着，正好逮到我们盯着这幅涂鸦看。

“兄弟，”我跟他说，“我挺想会会这位艺术家的。他在这儿吗？”

“不在，”罗杰里奥说，“这就是患了肌肉萎缩性侧索硬化症的那位。这次展览就是为他筹款而办的。”

听到这消息我很吃惊了，不禁退后一步。我这才留意到，就在Tempt的涂鸦签名旁，有人给他画了张黑白肖像。肖像有种超现实的撞击感：肖像里的Tempt在微笑，他是那么的安静祥和，但这张无声的黑白灰肖像旁，却是生命力澎湃的鲜艳色彩。这种强烈的对比感久久萦绕在我心头，还带着点痛。

---

① Temp One：原名Tony Kwan（托尼·关），一位肌萎缩侧索硬化症患者，曾是风靡洛杉矶街头的著名涂鸦艺术家。——译者注

如果说那一刻我被感动到了，想做些什么去助他一臂之力，但这是不可能的。人生中有多少次，本该你去做的事情，你却与之擦肩而过，没有转身回望，也无心倾听，只是叹了口气，便继续前行。我们在展室待了很长时间，跟一些涂鸦艺术家聊天，听他们诠释他们的作品。最后，我们买了一罐黄色的喷涂颜料。在上面作画的是一位叫斯利克的洛杉矶传奇涂鸦艺术家，罐子在他手下有了红红的大脚丫，咧着个大大的笑容露出一颗金牙。

到家后，我上网查了更多关于 Tempt 的资料，发现他真的就像当晚那些涂鸦艺术家说的那么杰出，一点都不夸张。他在洛杉矶各处作画，不仅仅是建筑墙面，还有博物馆，他的作品甚至在洛杉矶的当代艺术博物馆里展览过。我看过他的采访，他聊起涂鸦艺术时既自豪又反叛。“它是无法被驯服的，”他说，“狂野奔放，体现的正是所谓‘自由’的本质。”

Tempt 早期涂鸦作品之一。

看着屏幕里的他，我伤感地意识到，如此不流于俗的声音居然消音了。

每晚我都等一家人上床睡觉后才在厨房的餐桌台上用电脑查看邮件，今晚也不例外。我从餐桌台上起身，合上电脑，把它放回到壁炉架上，然后也上楼睡觉去了。

翌日，我们一如既往地起床，继续每天的日常。

第三章

先承诺，再想办法去兑现

2007年春，就是去涂鸦展的那段时间，我们挺忙的。在那6年前我们开了新公司——艾柏林集团（The Ebeling Group），自诩为“创意行动生力军”。它既是制片公司，又是讲故事的人，还可以说是创意智库。刚开始那几年，我们在商业广告和平面设计上取得了一些成就，以一种反传统的思维进行的创意设计获得一堆奖项。所以到了2007年，可以说事业才开始真正起步。

第一个重大突破是MK12为我带来的。MK12是给我工作的一个设计团队。基本上每一个设计团队都集结在各自的公司旗下，以各自团队的名义接活。这些公司基本上都是由设计团队的集结人所有并亲自运营。当时就有6名MK12的设计师专门为我进行设计。那年有部新电影，叫《奇幻人生》（*Strange Than Fiction*），主演是威尔·法瑞尔，讲的是男主角渐渐意识到原来自己的人生已经被他人设计好的故事。因为电影的视觉效果总监曾看过MK12的设计，所以电影导演马克·福斯特联系上了MK12，说想通过一个隐晦的方式，既不直接表达，也不明说，更不要用其他电影里惯用的手法，来体现故事主角——哈洛·克里，一名国家税局审计员的强迫症。

MK12想到了一个全新的设计方案，我们称之为动态信息图表，在屏幕上显示哈洛·克里刷牙的次数，他打领带的固定先后动作，等等。这些细节很微妙，信息量大，具有科幻感，也极其新奇有趣。

我们做了个模拟片，充分展示这种设计风格，以体现我们在电影里将如何运用这种手法，然后就过去跟福斯特导演和他的创意团队开会。其实这就是一个很普通的会议：他走进来，我们给他放几遍视频，花几分钟时间来解说。然后他说了句“很好，这就是我想要的”，便转身离开了。

我当然很高兴，没想太多，直到我留意到房间里其他人的脸色，视觉效果总监、制片人、剪辑员，还有其他制作团队的成员，大家都面面相觑，目瞪口呆。他们沉默了好一阵子，然后不知谁自言自语地说一句：“刚才发生了什么事？”

“什么意思？”我问。我们从没跟福斯特导演接触过，所以没办法理解他们为什么会如此震惊。

“马克从没试过这么轻易就通过的，”他们其中一人说，“通常，他会审了又审，提出很多自己的意见，不停讨论，不停提问题，他从来不轻易说行。你们真的一下就抓到了点子上，真有你们的！一挥杆就来了个全垒打啊！”

这话还说得真让我高兴。

更让人高兴的是，电影上映后，平面设计界对电影里展现的层次感有很强烈的反响，甚至还有其他导演打听到底是哪支设计团队想出来的主意。这部电影给我们带来了不少其他高档次的工作——之后我们马上拿下了电影《追风筝的人》(*Kite Runner*)的片头制作权，而这继而又为我们争取到了摘取堪称是动态图设计界的王者之冠，007系列之《007：大破量子危机》(*Quantum of Solace*)的片头制作权。为 007 系列电影制作过片头的只有 4 个人和他们的公司，而这当中只有两人在世，所以这真的是件非常了不起的成就。到了后来，不仅是片头，就连《007：大破量子危机》电影正片、电子游戏、DVD 和音乐录影带里的所有制图都归我们负责，还被提名格莱美大奖。结果，我把我妈、我姨和我兄弟都带去参加格莱美颁奖典礼了，毕竟不知道有生之年什么时候才能再踏足格莱美。这么疯狂刺激的事，带上妈妈和玛丽莲阿姨至少能让我定定神吧。

一切都发展得很顺利。但是那年秋天，总有些什么在我心头萦绕。一些未完的事，正静静待在角落里，等着我回头去看。

而我也知道那究竟是什么。

是 Tempt。

那场涂鸦展中的一些东西已在我心里扎下了根。尤其是那个墙面——色彩绚烂奔放得好似要从墙上跃出的 Tempt 的名字，和与之紧紧相邻的他的黑白肖像，如此祥和、宁静，却又如此的抽离。杰出的知名涂鸦艺术家都在那里，只除了他，他们当中最杰出、最知名的一位却不在场，肖像正好完美地传达了这种抽离感。他的父亲和弟弟当天都在现场。我和他们有过简短的碰面，只是礼貌地打声招呼而已，交流也不超过 20 个字。而我现在却突然很想再和 Tempt 的爸爸聊一下，帮他做点什么。确切地说，是帮他做他一直想为儿子做的事。

Tempt 的家人设立了 Tempt One 基金会，筹得的资金用于支付 Tempt 的医疗费。所以那年圣诞，卡斯凯和我决定不像往年那样给客户送些没有任何意义的红酒或 DVD 套碟了。我们决定以客户的名义来捐款。于是，我与 Tempt 的爸爸安排了一次会面。

跟 Tempt 家人的多次会面都让我终生难忘。而那一次，就是让我难忘的初次见面。

之前我就猜 Tempt（原名叫托尼，是拉美裔），但原来他成长于中国和拉美的二元文化家庭[①]，妈妈是拉美裔，爸爸罗恩·关是中国人。他爸爸罗恩是那种能让你心情舒服放松的人。他上了年纪，两鬓已经灰白，布满皱纹的脸看起来饱经风霜，但脸上依然漾着从容的笑容，诚恳真挚的态度让你觉得你与他似乎已认识许久，即便只是初见。我们约好了在洛杉矶一家历史悠久的餐厅见面。当我到达时，他已经在外面等着了，一见到我，便推开门，热情地领我入座。托尼的弟弟史蒂文也已经在座位上等着，并点了杯咖啡喝着。他比我年轻几岁，剃了个摇滚十足的明星鸡冠头。我先自我介绍一番，然后大家很随意地聊天。我不知道为什么我说了那么一大通还没把话说到点上，毕竟要说害羞，怎么也不会轮到我身上，但那一刻的氛围让我觉得必须要谨慎，要尊重对方。越是听他们说起一家的经历，了解到 Tempt 连呼吸都很困难，只能等着喂食，只能在他人的照料和药物，还有其他最基本的物质支持下才能维持孤独又抽离的生命，我就越敬重他们。

终于，我把话题绕到这次会面的目的上了。“是这样的，我们打算给你们的基金会捐款，”我说，“你们需要什么？打算把这些

---

① 中国和拉美的二元文化家庭：中式和拉美式的混合风格，在美国称为“Chino Latino”，由中裔人士和拉美裔人士组建的家庭，叫 Chino Latino 家庭。——译者注

钱用在什么地方？”

罗恩刚准备开口，史蒂文就抢先了一步。“我只想能再跟我哥说说话，”他说，“只想让他能跟我们沟通。这是我们最大的希望。”

他的话让我很吃惊。我还以为他们会有一套史蒂芬·霍金用的那种设备让Tempt说话。就算让我去猜他们面临的十大难题，我怎么也猜不到沟通居然会是首要难题。

“你们现在是怎么跟他沟通的？”我问。史蒂文向我解释道：“我们有一张写着字母表的纸，我们用手指逐个指，手指指到他想要的字母上面，他就眨一下眼，然后我们把字母记下来，用字母拼成词，用词凑成句。但是实践起来都很困难，因为有时他就是自然地眨了下眼，不过我们已经能分辨出他什么时候是自然眨眼了，可这样光是拼个单词都得花很长时间。有时才凑完整一个很短的句子就已经把他累垮了。”

我们默默无言地坐了一阵。我看着史蒂文的眼睛，他也同样看着我的。我不知道什么设备才能帮助Tempt，但我知道肯定有。我也不知道他们为什么就没办法弄到一台（设备），但我知道我得帮他们弄到手。

我本来是要给他们写支票的。结果，我却开了一张连自己都不知道该怎么兑现的支票。

“好，那就这样吧，”我说，“托尼会再说话的。我们会给他弄一台设备，他会再开口说话的。而且我们也会想办法让他可以继续进行艺术创作。一个才华横溢的人无法再创作，真是滑天下之大稽。”

似乎我的话让他们大吃一惊。坦白说，我也被自己吓到了。我们又多聊了一会儿。“你知道托尼最后跟我说的是什么吗？”罗恩说：“他说，‘我会跟疾病抗争到底的。但我需要一支团队来帮我，而且他们必须得相信我不会就这么死去。’这是我们最后一次对话了，很难忘，那时他还能开口说话，而现在……”

罗恩的手朝我比画着，笑了。我懂他的意思：我这是在自告奋勇地要成为那支团队的一分子，凭着我的信念和信任迈出第一步。事实上，我的确正在迈出这一步。

我让罗恩和史蒂文先别跟 Tempt 透露项目的任何消息，在我有任何实质性的东西可以拿出来之前，我不想让他抱有半点虚幻的希望。我从来不是那种还没开始做事就四处声张的人。我总是踏踏实实地做事，做完了再说。但那依然是很有意义的一刻。跟他们会面后，我整个人既激动又兴奋。

但我也怕得要死，因为我真的不知道该怎么兑现我刚许下的承诺。

你想想，我既没有任何医疗经验，又不是电脑专家，也未曾和医疗还有保险机构打过交道。但我却一口许下了一个要纵横这众多领域的承诺。

我现在不是要说教在这次冒险中我学到了什么。但我真的认为，这是很值得我们反思的时刻之一，因为那一刻我所领悟到的，还有我之后领悟到的一切，都离不开这一核心。

我是一个肾上腺素旺盛的人。机车、滑翔、滑雪，这些你能数得出来的刺激运动，都能让我兴奋，冲浪也一样。那种危险感里存在让我痴迷的东西。很多人觉得这种感觉跟商业无关，至少在进行商业策划时不会让危险感掺一脚。但在我的职业生涯中，我一直都是先行而后三思的。当看不到任何方法能让事情成功时，我都是这样凭信念往前走的。在我看来，要超越那些值得超越的障碍，你就得勇敢地迈出步子，并勇敢地接受摔个狗吃屎的可能。

或许，你正面临着一些人生抉择，像是人际关系或工作什么的，需要你去做决定。该往左走还是往右转，该前进还是后退。或许你会像那些很理性的人一样，在纸上列个表，把赞成的理由列一边，把否决的理由列在另一边。

但要是这些你都不做呢？

要是你根本不去衡量是好是坏呢？要是你根本不管那些“如果”呢？要是你根本不去想要是失败了该怎么办呢？要是你甚至不允许失败的可能性存在呢？

那会让你看起来很愚蠢吗？还是说，那反而能让你变得更专注、勇敢、警惕、积极和敏感？

反正每次我孤注一掷地接受挑战，许下一个我不知道要怎么兑现的承诺时，我感觉就像进入了一个新世界，而且身处新世界的中心一样。当我对终点在哪儿或该如何抵达终点都毫无头绪时，我反而会比任何时候都更卖力工作，头脑更清醒，心神更专注，投入更多时间。

先说行，再来问问题；先许下承诺，再想办法去兑现。

你也该找机会试试，能让你有焕然一新的感觉，对事业往往是有益而无害的。

幽默大师菲尔兹就有一个有趣又荒谬的例子。当他尝试说服某人去做些疯狂的事的时候，他是这么劝人家的：“趁还年轻，把握机会吧。我叔叔就曾赌过一把，从热气球上跳下来，看能不能落在干草堆上。失败了……但如果他年轻一点的话，就能成了！所以说，重点是，人一辈子别光坐着等。”

这例子当然不合逻辑。

不过，我跟 Tempt 父亲许下承诺说，我会为他儿子弄来一台设备，让他儿子再画画，也不见得合逻辑。

可我却这么做了。只有不让自己有任何退避的机会，你就只能往前冲。

有时候，只有这样才有可能成事。

很久以前我就听过一句话，但直到那一天，那句话才算是第一次真正印在我的脑海里（虽然只是意思相近而非原话），并从此成为我的座右铭，无论是在帮助 Tempt 的过程中，还是我之后所经历的一切，这句话时刻都在激励着我：

舍我，其谁？

若非此时，更待何时？

在之后的那些年里，我也听到自己跟自己说过不少次：若非此时，更待何时？舍我，其谁？

你很难用其他人的名义来回答这两个问题，也很难说一句“下次吧”。因为这两个问题就是在逼着你不得不回答“现在”和“非我不可”，并让你回答完后不胜惶恐。

◆

那年圣诞我便开始为让 Tempt 能重新与人交流而认真想办法。我手下一个叫布莱尔·米尔本的员工帮我展开调查。一开始我们只是查看一些偶然发现的信息，没想到能够发现一家叫瑞典 Tobii 电子技术的公司，虽然它才成立几年，却发展神速，开发出了眼球追踪和控制技术，且功能用途广泛，其中就包括能让瘫痪的人在屏幕上打字，实现与人沟通的目的。

就是它了！现在简单了，只要找人掏腰包就行了。

但，事与愿违。

满足 Tempt 需求的这款设备叫 MyTobii[①]，售价要 1.2 万美元以上。我们跟保险公司谈过，跟州政府相关人员也聊过，还找过慈善基金，但都毫无进展。日复一日，月复一月，毫无进展。

坦白地说，放弃的念头不止一次在我脑海里闪过。我是指为了说服某人或任何人来支持我们做的事，我真没试过花那么多时间。然而，当你只能把希望寄托在某个人身上，当你知道对方的秘书永远只会在电话那头跟你说“老板在开会，请明天再打过来”的时候，你难免会感到沮丧和失落。

找人掏腰包看起来似乎是不可能了，但我还是继续打电话。

打了十次没连上的电话之后，是什么支持着你让你再打第十一次的？那必定是你的执着。如果你还压抑着大量情绪且得不到释

① MyTobii：这是一款便携式眼睛控制通信设备，采用先进技术研制而成，具有极强的眼睛控制功能，适用人群十分广泛。——译者注

放，那更有效。而这种情绪我多着呢！

同时，我脑海里也开始涌出新的想法。事情进展越是让人觉得不顺，我的想法就越多。

如果说，没有什么是不可能的呢？

如果说，你不允许自己有失败的机会呢？

如果说，我们受到的限制其实源于我们所相信的那一套，源于我们对自己的能力缺乏信任呢？如果你试着假设，别管这假设从何而来，只要有对的人、对的工具和对的方法，一切问题都可以迎刃而解。现在问题没法解决，不过是因为这三个条件当中你还欠缺一个而已。

先把“我信不信这一套”这个问题放一放。

花片刻时间来想象一下，假如这是真的，世界会如何。

我来告诉你这么想象之后会如何。

这会让你继续拨电话，一次又一次……毕竟，谁知道对方会不会就接了下一次电话呢！

没什么是不可能的，这话或许不是真的。

但话又说回来，谁能拍着胸脯说那不是真的。

◆

所以，我继续打电话，让我的员工也继续打，让所有能拿起电话的人拼命地打。让你孜孜不倦地做同一件事的其中一个方法，就是找出这过程中你非常非常享受的东西，然后只管去享受它。如果你是个天生的策划者，那就专注在策划上；如果你喜欢跟人打交道，那就专注在人际交流上。把那个不知道能不能达到的目标暂时抛诸脑后，只管专注地做你喜欢做的事。

我很享受讲故事这件事。不管是就工作还是业余爱好来说，我都是个善于讲故事的人。我就是喜欢讲故事。没错，我现在也正在给读者讲故事，我很享受这一刻。讲故事就是我所专注享受的事。无论什么时候，只要逮着有人愿意倾听，我就会跟对方讲 Tempt 的故事，他的艺术、朋友、人生，他无法和家人沟通的那种锥心的哀伤以及当我们能（不是如果，而是能）送过去一台可让他重新说话的设备，会是一件多么让人开心激动的事。想想 Tempt 会跟你“讲”什么故事！

这是我讲过的最让我激动的故事。我想让电话那头的人也感受到这种激动。

我会跟他们说，想象一下，你觉得 Tempt 要是能开口说话了，会怎样？

◆

“我亲身经历过，人们待你，就像你是透明的一样。”

Tempt 后来在提起那些无法开口说话的漫长岁月是这么写的。

“当你没法出声，疏离感和透明感就会成千倍地压过来。”

要学着透过表象去看本质，但这不是一件容易的事情。一方面，托尼（Tempt 的原名）是个无法出声的人，在医院病床上像个斜斜摆着的佛像，只能在脸上罩着个呼吸器维持生命。另一方面，他是那个叫 Tempt 的艺术家，充满活力，才华横溢，他将一种艺术改头换面，激励着无数从事该艺术创作的艺术家；他有一种鲜明的声音，他机智风趣，他那副怜悯的心肠带着点忧伤，却一刻也未曾自艾自怜。

我内心无比渴望能再一次将托尼和 Tempt 合二为一：让那个只能默默躺于病床上的那个男子能以被深锁在他内心的那个活力四射的艺术家的身份，重新与人交流。

经过 4 个月的努力，我们的愿望实现了。

“我觉得我找到了能让 Tempt 和外界沟通的设备了。”我给罗恩打电话。他在电话那头兴奋的反应却让我心里一惊。“噢！那就太棒了！”他说，“我这就跟他说！”

“先别跟他说任何事！”我几乎是冲着话筒尖叫，“在我确定真的能把设备弄到手之前先别跟他透露任何事。”因为到那一刻为止，我对于自己真能办到还是没什么安全感吧，我猜，又或者我只是纯粹不想让 Tempt 失望。我还没准备好让一个多年被困于医院病床上的男人把希望押在我说的一句还不算落实的话上，这跟说服自己相信没有什么是不可能的，是完全两码事。

然而，我真的相信，我们能让 Tempt 一家达成心愿。

◆

在我们着手为 Tempt 获得设备的同时，我对他也有了更深入的了解，知道了更多他在肌萎缩侧索硬化症发病之前的人生经历。这些大部分是从他家人那里得知的。1968 年托尼出生，当时他们一家住在洛杉矶南区，那里治安很差。托尼的妈妈是一名全职秘书，他的爸爸重返校园在修商务学位。

在托尼四五岁的时候，罗恩带他到居民区的小型游乐场去玩。罗恩自己拿了份报纸在旁边的椅子上看，让小托尼自己到旋转木马上玩，就是那种简易的旋转游乐设施。结果另一个小男孩开始冲托尼大声喊，让他下去。看着年纪小小就已经开始争地盘，罗恩心里有点介意，但他想，既然要在这里生活，儿子就得学会处理这种问题，于是，他决定就由孩子们自己来解决争执。

但显然行不通。小男孩揍了托尼一拳，托尼哭了。罗恩马上冲过去把儿子带走，但那一刻他明白，敏感的儿子并不适合这一城区。

没多久他们就搬家了，选择在洛杉矶以东大概 16 公里的蒙特利公园附近的一幢复式楼房生活。一家四口住一层，史蒂文当时还是个婴儿，罗恩的父母住另一层。这样一来，就三代同堂了。

随着年龄渐长，托尼和朋友们跟当时那里的大多数男生一样，迷上小轮车、霹雳舞、滑板，但还没表现出对任何艺术的兴趣。直到他念高中，罗恩才发现他所有的笔记本上都画满了画。画画从此成了托尼没改变过的一项兴趣，他甚至考进了加州大学圣克鲁兹分校的艺术系，大学期间还志愿到当地一所文化中心教低收入家庭的年轻人画画。

托尼迷上涂鸦，罗恩本来是一无所知的，直到某一次托尼回学校时托尼的朋友泄密给他。罗恩严厉地训诫了托尼一番，让他专注学业（“传统的亚洲观念。”罗恩说。），可托尼却总能找到机会背着罗恩去玩刚迷上的涂鸦。当时，涂鸦还不算一项成熟的艺术，仍处在发展阶段。罗恩第一次真正看到托尼的涂鸦作品，是托尼和朋友接下的洛杉矶市中心一项大型壁画项目。托尼的作品给罗恩留下了极为深刻的印象，涂鸦里的东方元素还让罗恩暗自欣慰。

可是在托尼毕业的时候，罗恩的指示还是那么明确：“恭喜毕业。现在，正经地找一份工作去。”

“又是那种传统的亚洲观念。”罗恩微笑着说。

罗恩有个朋友认识在迪士尼工作室工作的人，对方同意把托尼的代表作拿给上司看看。这可是个很不错的开始，罗恩不停地敦促托尼把作品整理好，可是托尼却只是一味地说快好了。结果某一天，罗恩听到儿子在电话里跟朋友说：“我是永远也不会进公司打工的，我绝对不会给公司当奴隶。”当罗恩走到他面前时，他道歉了。“抱歉，爸，但我想办自己的杂志，”他说，“给我 5 年时间，我答应你，我会有所成就的。”

一开始，罗恩气极了。可之后冷静下来，他想起了年轻时的自己。

十来岁时罗恩痴迷武术，可是父母不赞同。他便独自一人搞起了全套的邮递服务：卖各种武术装备、各类型武术影片、武术器材、服装，等等。有一天，他在公园习武，一群男生好奇地走过来问他在做什么，还让他教他们。他答应如果他们认真学，他就免费教。没多久，罗恩就在这基础上成立了东风青年协会，协会至今还在举办各种活动。协会教的不仅是武术，还有中国南方的舞狮。锣鼓声下，舞者身披舞狮服闻声起舞。托尼到了一定岁数后，也随父亲进入了协会，还是一名出色的鼓手。

所以，追随着自己的热情并将热情延续给下一代的这种情怀，罗恩是懂的。他也意识到，托尼在文化中心给穷人家的孩子教画画，跟当年的自己简直就是如出一辙，这份无私分享的爱心能传到儿子身上，也让他深感欣慰。

于是罗恩同意让托尼继续住在家里办他的杂志，不过托尼也得打散工来负担自己的生活开支。

托尼信守承诺去打工。杂志也顺利出版。那一天，罗恩拿起一份杂志翻开，读到一篇关于涂鸦的心得，语言精练且有说服力。他看了看撰稿人的名字，不认识。

“这篇文章写得真不错，”罗恩说，“你从哪里约来的撰稿人？”

托尼停下手头上的活，抬头看了看，“噢，那是我的笔名。”他告诉爸爸，“那就是我。”

那一瞬间罗恩意识到托尼不再是他的那个儿子托尼了，而是一个独立的男人，有自己独特的天赋和价值观的男人。

Tempt 的世界，开始成型，也开始引人关注。

◆

在想方设法为 Tempt 获得一台 MyTobii 设备的那段漫长日子里，我开始和 Tempt 涂鸦界的朋友接触。卡斯凯比我更早地接触他们，因为我们决定要为 Tempt 拍一部纪录片。我们的身份，主要是讲故事的人。我们知道 Tempt 的故事不管拍出来效果如何都能激励他人，一如他对我们的激励。我们凭本能相信，Tempt 的故事影响的不仅仅是 Tempt，也不仅仅是我们。

于是卡斯凯一手揽下了拍纪录片的活，不仅是为了让 Tempt 能重新涂鸦，还为了讲述更激动人心的故事，关于他是谁，关于那些在他影响下追随他脚步的人。而这也意味着，她得进入涂鸦艺术家的世界。

刚开始，涂鸦界的艺术家们完全不知道卡斯凯到底想干什么——大半夜把车开上六车道的高速公路到市区，抱着一台重重的相机跑到治安最不好的地方，就是为了跟他们说说话，聊聊关于Tempt的事。但坚持能产生信任，她坚持不懈地出现，渐渐赢得了他们的信任。而他们越是明白我们想为Tempt做什么，就越愿意敞开心扉跟我们聊。

他们都想跟别人说Tempt的故事，想让所有人知道他们有多尊敬他。要说他们把Tempt当天才一样崇拜，是一点都不为过的，看看卡斯凯拍下的纪录片就知道了。

“在我看来，Tempt就是最了不起的涂鸦艺术家。”叫迪福的涂鸦艺术家说。

“从他的签名落款和作品你就能看出他对平衡感、系统性、风格、空间的完美把握和控制。”纽约一位叫玛尔139的艺术家说，他后来还和我们成了朋友。

“他把韧性、力量和彪悍注入哥特字母里，赋予它们强健的肌肉般的力量感，”查兹说，“这就是我崇拜Tempt的地方。他的字是那么的棒！”

卡斯凯将Tempt之所以受到大家崇拜，之所以如此独一无二的点点滴滴慢慢串起，渐渐呈现。他浑身充满着创作涂鸦所需要的灵气和自由。安格斯特是和Tempt很亲密的一位涂鸦艺术家，他说他们俩还把涂鸦画到从没有人触及过的地方。“我们在高速公路

Tempt 自画像之一。

上画，从来没有人在那种地方涂鸦过，”他说，“那是自 20 世纪 60 年代建好之后没有涂鸦者开发过的地方。”

但 Tempt 还有其他受人尊敬的地方。念大学那会儿，大家还叫他托尼的时候，他就对美国印第安土著民族文化非常了解，包括汗屋仪式[①]。汗屋仪式在美国印第安文化和土著居民的精神生活中具有重要的宗教意义，是一种心灵洗涤的仪式。这种仪式是 Tempt 用来维持自我精神状态的方法之一。他的这种做法让身边的人很是尊敬和崇拜。

除此之外，便是艺术了。

Tempt 没多久就以一种既传承传统又带有全新特色的艺术风格玩出了自己的名堂。Tempt 曾经是 K2S 和 STN 这两个组织的成员，这两个都是涂鸦组织，走的都是中国风和拉美风混搭路线，而这种风格本身也符合 Tempt 的家庭出身。“他把拉美风格带了进去，但毕竟那是亚洲人的涂鸦组织，所以他们涂鸦里的东方韵味比其他的

① 汗屋仪式：美洲印第安人满足精神需要、治疗身心疾病与传承民族文化的重要方式。——译者注

都要强烈。”查兹说，“Tempt 是第一个创造出涂鸦书法的人。”

Tempt 很快就从“炸街”（在高速公路上以极短时间完成涂鸦，画面不够整洁干净，但却是向世人展示作品的快捷手段）中毕业，去拼凑（获得有关部门的许可在废弃建筑上合法喷涂，可以花好几个小时慢慢地细致地喷涂出佳作）。而 Tempt 喷涂出来的真的是大师级的！

那时纽约和洛杉矶两大涂鸦派系冲突激烈，纽约派就好比粗野火爆的老大哥，洛杉矶派则是满脸不屑的小老弟。是 Tempt，可以说几乎是他单枪匹马地改变了这一切。他让洛杉矶派在涂鸦界站住了脚，纽约派的涂鸦艺术家不但尊重和欣赏他，甚至还开始模仿他的风格。与此同时，Tempt 还在办他的涂鸦艺术杂志《大时代》（*Big Time*）。这是有史以来第一本将涂鸦艺术作为严肃艺术看待的艺术杂志。他的努力引起大量严肃的艺术家和书法家的关注。

我支持涂鸦艺术，也遭受过不少人的质疑。人们会问我：“你干吗要花那么多时间和心思去帮助一个把建筑和火车车厢涂得乱七八糟的人啊？那不是违法的吗？”而且人们会把涂鸦跟那些帮派和罪犯联想在一起。这真的是天大的误解。“身为帮派一员是一回事，”安格斯特说，“你在那种环境下成长，家人是帮派人，长大了你也会是帮派人，就这样而已。而涂鸦创作，纽约派、嘻哈风，这些却是另一回事。帮派和涂鸦共存，却是两个截然不同的世界。”Tempt 在几年前接受采访时，就拿涂鸦艺术跟充满自由灵魂的音乐艺术进行过对比。“我觉得它（涂鸦）跟爵士乐很像，”他说，“像约翰·柯川和迈尔斯·戴维斯合奏，两人之间会有一种局外人无法彻底理解的交流。乐迷能在某种程度上听懂爵士乐，但这种懂是无法跟两位艺术家之间的那种深度的沟通相比的。”

正反两派的争论点我都明白，不过在我看来，涂鸦是我们这个时代最重要的艺术形式之一，这是没有争议的。不管你对涂鸦艺术家展露才华的地点和手法是否认同，几乎没有人可以否认，涂鸦是一种通过颜料体现真实想法和情绪的了不起的视觉化表达方式。这是我能用语言来表达的对艺术的最佳定义了。我去过不少艺术展，见过不少可怕的艺术品，要是把它们摆到公共场所去，我觉得那才真叫肆意破坏。而我也见过不少值得收纳进艺廊的涂鸦墙，事实上，涂鸦作品也的确开始出现在艺廊。但你不能把涂鸦艺术从它存在的世界割离。试想一下，要是第二次世界大战时美国大兵把到此一游[①]画在T恤背面而不是画在建筑的墙上，那表达的意思可就完全不一样了。美国大兵走到哪里，都把这幅漫画画上，就是在向敌人、向全世界说：“不管你喜欢与否，我们就在这儿，有本事冲我们来！”而那些在公众地方涂鸦的涂鸦艺术家，我觉得，也是在对外传达着同样的信息。

帮派的涂鸦和那种像Tempt那样的涂鸦艺术家的涂鸦，有一个相当重要的区别。Tempt那一类涂鸦艺术家的群体，是爱上涂鸦的孩子们的群体。从某种意义上说，这是为了让那些孩子们脱离帮派，如罗杰里奥所言：“就像加入不同男子社团那样。”对那些孩子们来讲，

---

① 到此一游：此俗语是第二次世界大战期间流行起来并沿用至今的美国俗语，通常同时配有一个有着硕大鼻子的光头男人双手攀墙上偷看的漫画，具体起源不明，不同国家有不同版本，句子结构一样，但代表人物名字的首单词不同。——译者注

一切都是为了艺术。对涂鸦艺术家来说，Tempt 就是一颗启明星。

有些涂鸦艺术家突破了涂鸦界，与服装设计师合作设计，生活因此变得甚是滋润。但那不是 Tempt 所追求的。“我的艺术全副心思关注的是字母，现在是如此，以后也是如此。”Tempt 在自己杂志上的一篇文章前言里这么写到，那时候他还能写：“涂鸦者[①]涂鸦不是为了那些名和利的假象。代表作、服装系列这些是很棒，但跟涂鸦本身无关。涂鸦者涂鸦是为了填充生命里因各种原因造成的空虚。涂鸦帮助我们理解世界。”

涂鸦是都市表达的一种必要形式，这个论断你可以不认同。不过，Tempt 开始收到来自世界各地的艺廊的展览邀请。而如此一位出色的艺术家，一位所到之处都会留下美丽又震撼的作品的人，却突然销声匿迹了。这是命运对我的召唤。我乐于让世界去思考，到底涂鸦是对公共场所的肆意破坏还是对建筑的美化改造，是内心反专制的火爆发泄还是一群手里拿着五颜六色喷涂罐的孩子打发时间的创作，反正这不是我要解决的问题。我需要解决的问题是，找到一台 MyTobii 设备。

◆

就像我之前说的，有时候成功就是坚持的问题。在我们坚持不懈地叨扰了很多人之后，在我们被电话话筒那边的人无数次左推右挡之后，终于出现了一个愿意聆听我们的人。她是 Tobii 公司的一

---

① 涂鸦者：原文为“writer”，涂鸦界用这个单词来特指涂鸦的人，“write”指代涂鸦行为。——译者注

位心地善良的女士，叫丹尼·莫恩，她真的对我们要为 Tempt 找一台合适的设备表示关心。

然后我们兜兜转转，终于，我们让联邦和州的低收入者医疗补助保险愿意为这台折磨人的东西来买单。

哈利路亚！

这套设备叫 MyTobii P10，是由一个电脑显示屏和一支长长的可调节支架组成。仪器的使用有很多种，而适合 Tempt 的设备是一个能“看到”Tempt 眼球，能追踪捕捉眼球活动的非常敏感的感应摄像头。他们把设备送过去的时候，卡斯凯在场，但我不在。我依然觉得，在我能确认我真的能把承诺兑现之前，我还是没有资格去见他。后来的事我听说了。一开始都是例行之事：安装设备，把机器调整到合适的高度和距离以方便 Tempt 看屏幕。屏幕上是一个黄色的英文键盘，一个橙色小点随着他眼球运动而移动，将他“看”着的字母变亮，如果他盯着那个字母或者在上面停留时间够长，字母就会被录入。几分钟内，他便拼出了一些单词。然后是组词造句。这样来收集他的想法和他的内心感受。

输入完毕，电脑就会用很机械却很清晰的声音说出 Tempt 打出来的话。

于是，病床上的这尊“卧佛”终于开口说话了。8 年来他说的第一句话是：“哇，这太棒了！”

◆

“被确诊为肌萎缩侧索硬化症，真的是很可怕的经历，因为别人会跟你说，你的时间不多了，你的余生将会被幽禁在一副动弹不得的躯壳里。”那天之后没多久，Tempt 用 MyTobii 设备写道：“试想一下，一个思想没有受到任何影响的人，依然能感知冷、热、伤痛和欢乐这一切，余生却永远无法动弹，也无法再跟外界有任何的交流。真的很难让人接受，得知消息后开始的那几周，我真的崩溃了。那时我还能走，还能说话，但一切行动都变得越来越困难。我想过要不要在我还能动的时候自杀。但这种想法却让我生气。我决定了，就算是要死，我也绝不愿不战而亡！”

听到如此有文采又真挚的人开口说话，我真的很激动，毕竟一直以来我只能通过他的艺术来了解他，虽然他的艺术也满溢着才华和真挚。但能真真切切听到他的想法、他的感受，他这些年来一直想说的话的心情，真的很让人感动和激动。他终于能再说话了。而他的言辞是如此动人。

日子一天天地过去，Tempt 和史蒂文兄弟俩可以做这些年来一直梦寐以求的事了。他们天南地北地随意聊着。他们的交流是需要耐心的：史蒂文得学着耐心地等待，在 Tempt 打完字之前不要打断他，也不要尝试替他说完他还没打完的句子。Tempt 每打完一个单词，电脑就会念出这个单词，单词与单词之间会有很长时间的停顿。等 Tempt 打完一句话，电脑会再从头到尾把句子念完整。

好友罗杰里奥和他涂鸦界的好友安格斯特去探望他，这让他十分惊喜。

能像往日那样跟老朋友聊天的畅快感让罗杰里奥感叹道：“真的是太神奇了！”

“伊娃现在生了一个孩子。”罗杰里奥跟 Tempt 说起自己的旧爱。Tempt 之后又问起罗杰里奥的前女友苏珊。

“她……回……东……区……了……吗？她回东区了吗？”电脑代替他发声。

“苏珊，回来了，虽然他们又想着要搬到其他地方去。”

他们的对话听起来没什么，但你想想对这些年来连最简单的对话都无法进行的 Tempt 来说，会是怎样的感觉；对他的家人和朋友来说，会是怎样的感觉。

没多久，Tempt 甚至可以上网和老朋友聊天了。“我真是太开心了！”他的朋友斯利克跟我说，“我又能和那小子在脸书上互动，跟他互发邮件了。我们的好小子回来了！虽然他还只能躺在床上，但在网络上我们又能平等沟通了。你能感受到他的幽默感一点都没变——还是那个 Tempt，那个我熟悉的 Tempt！”

很棒！让人很振奋！ Tempt 能再跟外界沟通了！

对那些认识他的人来说，这一刻是激动人心的，然而，这只是我们抵达终点站之前的一个小站台而已。

因为，那些了解他的人都知道，他有更热切的渴望。

Tempt 想要再创作。

这意味着，我的活还多着呢！

第四章
散发光辉和热量

现在有了 MyTobii 设备，Tempt 就可以重新展现其人格魅力，感觉就像是多年来一直被困在医院病床上的他，被床罩盖着，透不过气，现在终于有人帮他把那床罩掀开了。他不但能跟外界沟通，还能说话，讲笑话，讨论问题，甚至拿你来打趣。这种惊人的改变让所有人都开心得难以言喻，从他的家人、朋友，甚至他的看护者那里，你就能感受到。而且他们跟我说，看他的眼睛你就能感受到他的改变。

对我来说，给 Tempt 弄到一台 MyTobii 设备是完成了一件事，但那真的只是后勤工作，不值得一提。在跟商界、保险业、银行业等人士打交道的过程中，我早就不觉得把“不行”变成“行”有多了不起。只要知道他们到底为什么拒绝，然后想法子绕过、钻过、通过那个阻碍因素就好了。我天生就爱做这种事。有人说这是毅力，是乐观，或者是强势的性格使然。但我做的其实真的很简单：找出真心想要说“行”却觉得说“不行”的人，然后给他们一个让他们说“行”的机会。再怎么说，相比说“不行”，人们其实更喜欢说“行”，只不过你得提醒他们。问题只不过是把他们的能量进行重新分配，集中到“行”的方向而已。

很多时候，我就像一头不死心的斗牛梗（别名美国斗牛犬），把他们烦个半死。为了把我从他们的办公室“踢”出去，为了让我安静地挂上电话，他们只能说“行”。

我向 Tempt 一家许下的承诺（让他能重新画画的承诺）在啃噬着我。因为我知道要让他能再次画画，让他重返艺术殿堂，光靠我盲目的乐观心态和要做出些什么的坚定意志是不够的。说实话，我不知道要怎么兑现我的承诺。我只知道，在我兑现承诺之前，我是不会善罢甘休的。

其实我向来都是多个任务同时进行的。我喜欢同时做好几件事，而不是一次只完成一件，完了再做下一件。所以我必须承认，在那接下来的几个月里，我被其他项目干扰，分了心。对 Tempt 的承诺就在角落里待着，安安分分地耐心等着，等着我想好法子去解决那个不可能的任务。

小时候我就很好奇，如果用无法阻拦的推力去推动不可移动的东西会怎样。那东西到底能不能被推动？如果这推力真的无法阻拦，那肯定能推动，因为这推力根本无法停止。

但如果这东西是不可移动的，那按理说无论什么力量也是推不动的。

这个问题本身就是一个悖论。如果宇宙中真存在无法阻拦的推力，那就不可能存在它没法移动的东西，反之亦然。如果真有无论如何也不可移动的东西，那就根本不可能存在什么无法阻拦的推力。

我想说的是，哪还轮到我们去想什么事是不可能的呢？人类从灵长类动物进化而来，那时候它们根本没法想象未来是什么样子。在以前，印刷媒体是无法想象的，环游世界是无法想象的，蒸汽引擎也是无法想象的。

而这些天大的不可能后来都具备了可能性，而后实现了可能，最后在全人类社会普及。所以，我们为什么要去对可能的必然性存疑呢？

这就是我看待“无法解决的问题”的态度。我真的认为一切都有其解决之道。至于我们知不知道解决方法，能不能想出解决方案，那就是另外一个问题了。在一切皆有解决之道的宇宙里，没有无法解决的问题，有的只是像我一样的人——还不知道解决之道的人。

知道自己不知道答案的好处，扪心自问，就是你会不停地去寻找比你聪明的人。只不过你不知道要上哪儿找他们。

◆

给 Tempt 弄到一台 MyTobii 设备已经过去好几个月了，但要进一步地让他重新涂鸦的事却止步不前。拿下 007 系列电影的片头制作权帮我们奠定了在业内首屈一指的地位，艾柏林集团的发展如虎添翼。我们在全球市场有了知名度，事业也往全球市场扩展：多伦多、纽约、里约热内卢、洛杉矶都设立了我们的办公室，巴西、澳大利亚以及非洲一些国家也都有分区合作伙伴办公室。

那年 3 月，我受邀参加南加州格林斯伯勒的一个设计论坛，就 007 系列的电影片头制作发表演讲。演讲当天我和 MK12 的本・拉达茨提前到达会场。此时，演讲室外已经有不少人在等着了。

我眼尖地发现两个挺有意思的男人，他们站在一个写着“言外之意：艺术、建筑与设计里的创意”的大型三脚架旁，挺活跃的两个人在讲着笑话，笑得很开心。我悠闲地踱了过去，来到他们之中，并介绍我自己。

原来他们是涂鸦研究实验室（Graffiti Research Lab，简称GRL）的人。涂鸦研究实验室能做的事很多，其中就包括研发新方法让涂鸦者有更多方法和途径来涂鸦。这其实跟我正在为Tempt做的事差不多，只不过我一次只帮一位瘫痪的涂鸦者解决问题。这一点小的共通之处让我们有种同道中人的亲切感，我们就这么聊了一个下午。

跟他们聊得越多，我知道的也就越多，就越感觉到大家确是同一类人。他们首先关心的也不是怎么靠自己发明的东西赚钱。他们可是彻头彻尾的“开源软件”拥护者。“开源软件”原本指的是公开源代码的软件，任何人不但可以免费获得，还可以对源代码进行编改和改良。他们的做法与大企业普遍存在的对软件源代码进行限制、保密、申请专利的做法相反。可以说，开源的做法相当于互联网上的“占领华尔街”行为。拥护开源软件的人，都是为了给所有人提供一个公平的竞技场，确保机会面前人人平等，不再只是有钱人的游戏。

这两个人把他们发明的一切“开源”免费大赠送，谁感兴趣就教谁，让所有人都能复制他们的东西。

比方说，他们发明过一件叫“LED磁贴灯”的小玩意：普通的LED小灯泡，大粒果冻糖大小，五颜六色，在小灯泡后面贴块磁石就行了。拿着几十个这种磁贴灯往铁上扔，就能创造出很漂亮却毫无实际意义的艺术。有人做好了磁贴灯放到网上卖倒赚了一把。不过这两个男人不在乎，把制作方法往网上免费地一放，就忙下一个项目去了。他们把创意和快乐看得比利益更重。而这创意和快乐，正是艺术灵魂最纯粹的本质。

涂鸦研究实验室其中的一名创办人叫伊万·洛斯，话不多，表情严肃，蓄着一绺褐红色的山羊胡。想知道他是谁的话，从谷歌搜索栏输入“badass motherfucker[①]”，你会看到出来的一条链接写着：“Evan Roth.The biggest Bad Ass Mother Fucker on the Internet...according to google.”这是他自己在谷歌上弄的。我刚试了一下，还能看到。他就是这样的一个人。涂鸦研究实验室里的人似乎就爱做这种事。他们这么做是因为他们有这能耐。或者说，更多时候，是因为有谁说过他们不行。

如果说有谁能跟伊万这种性格有得一拼，那就是涂鸦研究实验室的另一位创办人詹姆斯·鲍德利了。詹姆斯说话有一点慢悠悠的，摆着一张扑克脸，说话声调没有变化，有一点像灌完威士忌宿醉没醒的感觉，与他骨子里的叛逆有点违和感。

说到叛逆性格的涂鸦创作者，伊万也是一个像詹姆斯那样的涂鸦创作者。他跟我说，“9·11 恐怖袭击事件”后他曾用激光在铁板上刻印“看什么看”和“管好你自己的事”这两句话，旅行时，

---

① badass motherfucker：直译为“带种的人”，通俗俚语。这里以粗俗脏话表达敬佩。——译者注

他把铁板塞进行李箱。在行李经过 X 光扫描器时，美国运输安全管理局的工作人员会在屏幕上看到那两句被嘲弄的话。他们把伊万拦下来，进行各种盘问，但最后也只能放他走，毕竟他并没有做过什么违法的事。

我还真没见过像詹姆斯和伊万这样的人。我真的很欣赏他们。

◆

詹姆斯没法在中国展示他的激光涂鸦，不过他会在设计论坛上展示。詹姆斯和伊万邀请所有出席论坛的人第二天晚上来大草坪上观看。涂鸦研究实验室发明的这种艺术概念就叫“激光涂鸦”。别以为这跟孩子们在黑压压的房间里人手一支会发光的玩具枪你追我赶的差不多，差别可大了。詹姆斯的激光涂鸦是真的在涂鸦——画到建筑外墙上。我还以为他们把公司起名为“涂鸦研究实验室”只是某种比喻，没想到他们是真的在涂鸦。

跟着我的描述想象一下：你手里拿着一支小小的激光灯，把那小红点打到墙面上，慢慢移动，小红点不但在移动，还会沿途留下一道光迹，就像拿油漆刷在墙上刷过漆一样。激光涂鸦的运作原理有点像孩子们玩的磁画板（反着来画），磁画板的画板背后覆盖着一层银色的金属层，孩子拿东西往上面一刮，就把后面的金属粉刮掉，留下黑色的痕迹。而激光涂鸦的原理，就是往巨大的墙面（高楼大厦、桥梁、狮身人面像）投下一大片黑光，然后用激光的光“擦”掉一部分黑色光线覆盖的地方，露出不同的颜色，再制造出像涂鸦那样的颜料往下滴颜料的效果。这样，涂鸦作品就呈现出来了。

在实际操作之前，涂鸦研究实验室给大家讲了些他们大胆的恶作剧。他们去过一些大热的旅游点，像埃及金字塔，他们组装好设备后让路过的人写下自己想要写的任何东西。他们给帕特农神庙打上“出售”字样。还有一些是带有政治色彩的，大骂世界各国领导人。但人们也可以随意地写他们想写的内容：电话号码、“我爱你，丽莎”、银行提款密码，等等。

夜幕降临，天黑黑的，空气凉凉的，所有人站在庭院里，詹姆斯和伊万开始往草坪另一端的建筑外墙进行激光涂鸦。他们把控制器交给在场的其他人，让大家都来涂有趣的东西。有人写“版权去死”，在人群里引起一片欢呼；有艺术设计界的画了个蓝带啤酒罐；有人写了个滴着油的“油”字，大家玩得兴高采烈，甚至都惊动了警察，警车就停在投射墙的附近；另一位与会的人即兴写下了“抱我”两个大字，还画上个箭头指向警车（后来又有人把这“抱我”改成了猪叫的拟声词）。

设计论坛结束后，詹姆斯和伊万被一大堆人围着。大家都想了解更多，想知道多少都行，反正这激光涂鸦的源代码是公开的，一如他们的其他发明，不管是运作原理，还是安装和使用教程，全都在网上公开：登录他们的网站，下载，按步骤自己动手组装就行了，只要你有时间又有这爱好。

不过，他们把激光涂鸦的源代码公开倒有个不足之处。他们最不希望见到的就是这种本来是为艺术家、积极分子和恶作剧分子而设的工具被广告商弄到手。看到那么多人上他们的网站下载软件，他们很开心，也乐于给大家答疑解惑，其中一个主要原因是他们希望让所有人都能和大公司平起平坐，让普通大众能拥有与大公司势均力敌的发声平台。于是，涂鸦研究实验室里主要负责软件开发的叫西奥·沃森的男士想出了一个法子。他们在激光涂鸦的软件里安了个小小的子程序，可以检测到下载方是不是大型广告公司。如果是，下一次他们打开软件，就会被“瑞克摇滚”。

“瑞克摇滚”是一种网络恶作剧。你点开一条链接，结果发现链接是假的，出来的是毫不相干的恶作剧画面——1987年里克·阿斯特利唱着他的首本名曲《绝不放弃你》(*Never Gonna Give You Up*)。看着那些大公司从网站上一次又一次不死心地下载软件，一次又一次被“瑞克摇滚”，最后不得不放弃，这可是涂鸦研究实验室那帮人的一大消遣。

我刚说过了，我真的非常欣赏他们。所以第二天到我演讲的时候，詹姆斯和伊万居然没来，这让我有点失望。直到我在演讲途中发现他们到底上哪儿去了。

原来在我演讲时，他们不知怎样混进隔壁房间里去了，还控制了两台你在演唱会上看到的那种大喇叭。就在我滔滔不绝地给在座各位听众讲起我激荡人心的工作时，大喇叭响起，把我的演讲打断，飘出来的正是里克·阿斯特利的声音，唱着那句经典又愚蠢的：“绝不放弃你，绝不让你失望……”

看着大家一脸茫然，我真的很想跟大家解释这到底是怎么一回事。但我却不能自已地哈哈大笑。

◆

我喜欢和他们相处，但论坛毕竟是论坛。论坛结束后，只能日后找机会再聊了（还有再给我来点“瑞克摇滚”的惊喜，别太惊吓就好），但也就那样而已。

到家后，妻子卡斯凯已经让孩子们都睡下了。我走进他们房间，亲吻他们每一个人，没什么比亲一下你熟睡中的孩子能更让你感觉平和的了，也没什么能比听着他们弱弱的鼾声，用嘴唇轻触他们温软的脸颊能更让你沉醉的了，沉醉于你的人生的了。我帮他们盖好被子，在门口依依不舍地流连了一下，才轻手轻脚地把房门关上。

当我心情舒畅地回到饭厅时，卡斯凯已经准备好一大盘沙拉和她亲手烤好的热馅饼，等着我一起吃晚饭。我可以打包票，她一定后悔等着我一起吃东西，因为我一股脑地净说着论坛的事：我遇到涂鸦研究实验室的人，他们发明的激光涂鸦，他们怎么开发软件和弄机器让你能在建筑外墙上涂鸦。说了应该有 10 分钟吧，她才能插嘴说上一句话，而她说的就是：“既然你能用鼠标来控制激光颜料刷，那为什么 Tempt 就不能用 MyTobii 来操作？为什么他就不能那么画？”

这真的是最简单不过、最明显、最天才的解决方案了，就那么显而易见地摆在我们面前！我一下子愣住。说真的，我甚至都没想起 Tempt 来，更没想过要把 Tempt 用眼球来控制的 MyTobii 和激光涂鸦的设备连上，这当然得找方法才能连上。这不正是我们 6 个月以来一直在寻找的答案吗！

“亲爱的，”卡斯凯把我拉回现实，“能帮我把沙拉酱递过来吗？”

◆

关于该如何操作、控制，我们又聊了大概一个小时。

第二天，我给詹姆斯和伊万打了电话，告诉他们我在为 Tempt 做的这件事，问他们是否愿意到洛杉矶来帮忙，参与到这个“不可能”完成的项目。

我完全没料到他们居然会拒绝。

他们拒绝，是因为我们想在 MyTobii 设备的基础上进行，而 MyTobii 是一家以盈利为目的的公司。他们非常坚持自己的原则，不做任何会与大企业分享的东西。如果参与其中，就是违背他们的原则。

虽然理解他们的原则，但我还是有说不出的失望，因为我只想让 Tempt 能再画上画。有那么一刻，我以为我们终于找到破解方法了，但破解者本身却正是那个拒绝参与的人。我本想加把劲再游说一番，但那一刻，我什么也没再说，只说了一句：“那，你们再考虑考虑吧！一个星期后我再跟你们联系。”

结果，他们根本不需要一个星期的时间考虑。

两天后，他们主动给我回电话。先是詹姆斯，然后是伊万。他们的态度有了 180 度转变，不但答应帮忙，态度还非常明确。

只不过他们有一个条件——一个改变了日后所有决定的条件。

他们问：为什么我们非要用 MyTobii 设备不可？为什么我们就不能自己弄个用眼来作画的东西？我们自己也可以弄一个眼神书写器（EyeWriter）的装置。从草图到成品，全部对外免费公开。他们想要帮助 Tempt，这是当然的，但他们还想借机推广开源的理念和自己动手的生活哲学。

这是一个很棒的想法。而且，这个想法也成为我们日后前进的核心哲学。

第五章

船到桥头自然直

接下来的几个月太忙了，因为现在我们说的并不是把两台机器连起来，而是要重新组装出一台任何人都能使用的、任何人都负担得起的用眼来书写的设备。除了卡斯凯、涂鸦研究实验室的人和我，我们还认识了这项计划所需要的其他人。这支队伍总共 7 个人，每一位都是某一个领域的专家。我们打算让所有人都飞到洛杉矶一起开工，这也不是件简单的事呀，他们都分散在全球各地，从德国到西班牙，从中国到荷兰，从犹他州到纽约州，完了之后他们还得从哪里来回到哪里去。这样成本真不是一般的高。然后卡斯凯说，那干脆就让所有人都到咱们家里来吧，这十天里我们给他们做饭，那样一来，唯一的成本就只有机票了。

愿上帝保佑善良的卡斯凯。

当你有一大堆日程要安排，还有一大堆烧脑的组织工作要做的时候，你绝对不可以去想这是无法完成的，你必须专心地按部就班地去做，直到把事情办好。每打完一通 Skype[①] 网络电话，邮件就像雪花一样飞来。每发一封邮件过后又是一通网络会议电话。我们在网络电话里讨论眼球识别技术，讨论怎么组装眼球追踪仪，如何编写程序，现有的开源软件里有什么是适用的，此外我们还得自己

---

① Skype：一种网络即时语音沟通工具。——译者注

解决什么问题。光这样就花了好几个月的时间，不过终于，一切都准备就绪了。

2009 年 4 月 1 日，那天洛杉矶的大好天气也昭示着将会是万事皆宜的一天。我开着台漂亮得像汽艇一样的 1964 年出厂的淡黄色别克野猫敞篷车在机场里来回穿梭。

第一位抵达的是西奥・沃森，交互环境的专家，从阿姆斯特丹飞过来。他是个很亲切的、说话轻声细语的、低调的男人（你是绝不会用这三组形容词来形容其他任何一位成员的），像是那种在革命中负责出面斡旋的人。詹姆斯第二个抵达，从柏林飞过来，然后是其他成员：伊万・洛斯从北京过来；来自西班牙的叫克里斯・苏各儒的女士是位眼球运动识别领域的专家；扎克・利伯曼从纽约州过来；还有一位化名叫“爱的猴子”的黑客兼程序员兼喜剧演员，性格不是一般的活泼，他是自荐来的，因为他对这个项目非常有信心。很难得能在一个房间里聚集这么多聪明过人的行家，还有停不下来的嘻哈音乐。

对于这次的项目，所有人都非常激动。一上车，他们就开始问各种问题：Tempt 现在怎么样了？他知道我们这个项目吗（顺便说一句，他还不知道，我让他的家人先对他保密。在我有任何实质性的成品给他之前，我不想向他承诺任何事）？所有人都有许多自己的想法，也不停地和其他人进行沟通，以了解其他人的想法。

还没到家，只是在机场里兜兜转转的时候，我们的计划已经初步成形。首先，我们给这次的发明拟好了名字：眼神书写器。我们也想好了眼神书写器的外形和大致运作方案：用便宜的太阳镜镜框绑上两个网络摄像头来捕捉使用者的眼球运动。我们得编写眼球运动识别程序，在摄像头追踪眼部运动时，这个程序可将这些运动转换成光标运作模式，具体地说，是模仿鼠标的移动和操作功能。我们决定通过“眨眼”的动作来录入字母，让 Tempt 可以通过眨眼而不是盯着一个字母来录入他想要录入的字母。然后我们还得编写绘图软件。这将会是项目里最关键的一环。我们得解决如何让光标在移动的同时绘图的问题，怎么“拿起”和“放下”绘图刷，怎么改变颜色，等等。最后，我们还得弄个连接界面，将绘图软件与激光涂鸦设备连上。

这能有多难？没几个小时，人都齐了，整个屋子热闹非凡。我也已经提前摆好了两张长长的工作台，他们把背包往旁边一扔，拿出大老远带过来的巨大的投影仪等各式设备，便马上进入工作状态，在画板上画草图，说笑着，听着“探索一族”的歌，像是在自己家一样。

房子的确是他们的了。

卡斯凯和我带着孩子们搬到后院的小平房里，把主屋让出来给这帮创意狂人。在威尼斯海滩和圣莫尼卡有很多像我们这种带小平房的房子。这附近住了不少搞艺术的人，不少人把小平房弄成了一个艺术空间。而我们的则更像是工作室加储物室。不过能在家人和那队七人大军之间设一个“防火墙”也是件好事。不是说让孩子们接触这么有创意又天才的人不好。这不只是一个“好”字可以形容的。只不过，我想说，他们真的不是居家男，他们不太分得清在孩子们面前什么该说什么不该说，时不时蹦出些奇怪的话来，比如“嘿，小子，哪天你长大了，你就会发现世界是个邪恶的地方”。这时我就得跟孩子说：“嗯，儿子，能不能请你把刚才听到的那句话从记忆里抹掉？抹不掉也先写下来，等你长大了我好把它交给你的心理医生。”但总的来说，我很高兴我的孩子能亲身感受并享受这种工作氛围。我觉得，让孩子们小小年纪就去感受这种创意迸发的过程——真实、真挚、狂热的创新过程——如此激烈浓郁的氛围，日后会给他们带来一定的影响。我真心希望能对他们有所影响。

你能听见、看见，甚至体会到那股昂扬的兴致和充沛的创造力。用这种全然的创新去开创新天地的项目，会给人带来一种自由感。在思考如何解决其他人都认为不可能解决的问题时，让你彻底解放思想，这让你的行为变得自由，像是一觉睡到正午再一直工作到次日日出东方，或是试着反着坐到自行车车座上看还能不能骑行，或是脑袋里明明什么想法都没有却在电脑上画了 3 个小时的图。当你放飞思想，自由自在地做任何事，你就给了创意诞生的空间。

我们都是一起吃饭的，每一餐都是。第一顿晚饭我煮的是意大利面，分量多得足够喂饱洛杉矶道奇队[①]了（要完成创作项目似乎需要大量食物和啤酒）。一帮人围着桌子，边吃边讲自己的故事，听其他人大胆的恶作剧。

---

① 洛杉矶道奇队：美国洛杉矶的一支职业棒球大联盟球队。——译者注

你拿着银行卡到柜员机提取20美元现金。银行卡的信息却被坐在银行外面的停车场里的那个人看得一清二楚。你试过和这种人一起吃饭吗？如果没有，那我告诉你，那是一种奇妙的体验。

聚在一起的第一天，他们就会让你知道，他们吵吵闹闹，新奇有趣，认真热烈。还有，他们是干正事的。

他们的灵魂极其自由，他们的心神也极其专注。那是好事。那天傍晚，大家的工作已经井然有序地展开了。所有人各就其位，他们各有专长，并将这种专长相融合，就像把零散的拼图块拼接起来一样。

詹姆斯和伊万基本上可以说是这一堆天才里的带头人，也是手工劳作者。他们可以把网络摄像头拆下来再接到其他东西上，或用铜线绑到太阳眼镜的塑料镜框上。“爱的猴子”拿手的是把东西拆散，然后用新的有创意的方式再把它组装起来。至于西奥、克里斯和扎克则是程序员，他们负责最艰难的编程工作。我用“艰难”来形容，是因为这任务真的很困难。

要开发一套眼球运动识别软件可不简单。他们得想办法让镜头识别瞳孔，这本身就不是件容易的事。我们尝试朝眼睛打光以加强对比度，但这方法太麻烦。于是我们试着在电脑里调整对比度，就像修图时用修图软件调整对比度那样。然后我们还得将程序校准，让它可以捕捉到最细微的眼球运动。我们还得考虑到眼睛是球体并非平面，而使用者则要在平面（我们测试的时候用的是电脑屏幕）上作画。这跟制作地图时遇到的问题一样。如果在制作平面地图过程中不把因球面而导致视觉上缩小了的面积补回去，那就会导致两极地区被严重扭曲（所以大家才会以为阿拉斯加州的面积比墨西哥的国土面积要大，而格陵兰岛的面积更是前两者加起来的两倍）。

于是，几位负责编程的朋友就在屏幕上设置了一个网状系统，在网络摄像头拍摄眼球运动的同时进行记录。至于我，就负责不停地往返家得宝建材店买铜线、塑料管，或者各种各样大家需要的东西。他们派了两个人骑自行车上街买了一堆准备拿来当眼神书写器镜框的太阳眼镜。我们把镜片敲下来，再把摄像头装上去。当然了，涂鸦研究实验室毕竟是涂鸦研究实验室，他们选镜框不会单纯地按功能来选。一开始，他们选了坎耶·韦斯特的爆款——镜框内横着一根根细条状的像百叶窗一样的款式，但最后还是选了一副普通塑料镜框款的眼镜。将镜片取出后看着就像孩子们在万圣节戴的那种格鲁乔·马克思同款眼镜。

看吧！一切开始成形了。就一天而已，他们已经开始制作原型了。

但雏形不仅体积较大，而且很笨重。前面挂着两个从网络摄像头上拆下来的镜头，一根捆着铜线和塑料扎线带的塑料管从镜头处一直伸到右侧眼镜脚，里面装着把画像从镜头传送到桌面手提电脑的电线。

詹姆斯作为第一个试用者来试用。他看起来就像从科幻片里走出来的人，只不过这是“科实”（科学现实）：摄像头的确能捕捉到他的眼球运动，光标在电脑屏幕上随之移动。他们编了一个简单的程序：对着左眼的摄像头是鼠标键，只用来监测眼睛的开闭运动。闭上眼意味着“开”，当左眼闭上，便是开启右眼摄像头捕捉右眼球运动并开始绘图的信号。当左眼再睁开，就好比将笔从纸张上抬起。你可以通过右眼眼球的运动将光标移动到你想要的位置，闭上左眼，然后再次开始绘图。

理论上是这样。

詹姆斯戴上眼镜，我们都围到他身后。当所有人抵达后，第一次没有人开口说话，整个房间安静了下来，只剩下喇叭传出节奏强劲的嘻哈音乐。

不知是谁适时地把歌换成了骨头恶棍与和声（一支来自俄亥俄州克里夫兰布格兰维尔地区的说唱乐团）的歌，当那句“看着我的眼，告诉我你看到什么”从喇叭里低沉地哼鸣而出时，摄像头开始捕捉詹姆斯的眼球运动。我们都紧张地盯着眼前的屏幕。

很快，虽然不够精细，但光标开始移动了。光标移动出了一个方方正正、绝不会让人认错的字母 G。

宁静一下被彻底打破，所有人同时发声说话。不过，他们基本上都是在喊脏话。他们好像没留意或是根本不在乎，我的孩子们就在旁边。

不过老实说，如果我的孩子变得满口脏话，但却跟起居室和厨房里的这些天才一样聪明，我倒是觉得无妨。

这是很不真实的一刻。自从看完那一次涂鸦展以来，卡斯凯和我说这事都说了几乎两年了。一件事说久了，你心里自然会有怀疑的声音、不信任的声音。脑袋里有某部分开始想：好吧，你爱怎么说就怎么说吧，先生，但这真的不可能会实现。

要成事的艺术，是建立在克服那个不信任的声音之上的。

我得把话说清楚。当我说要克服那个声音时，我不是说故意忽略它或假装它不存在。我不是无所畏惧。我害怕失败，而且我经常为失败而感到紧张、不安。但我是这么教我的孩子的：当你感觉有什么让你害怕，或是害怕做不好什么事的时候，别否认你的恐惧感。别只是假装它不存在。你要允许它的存在，并跟它打声招呼，把它看清楚。

我相信我能做到我下定决心要做的事，因此，或许我很擅于一旦决定要做什么，就将那个声音屏蔽掉，但这并不等于我没经历过。只不过更关键的是我允许它拥有多大的影响力。我心中不信任的一部分，那个质疑的声音，是在角落里安静而耐心地待着，等着看我失败，鼻息间低声咕哝着："你办不到的，那是不可能的。"有时你必须得忽略它，继续做你该做的事。

然后，当不可能变成可能的时候，当你真真切切地见证一切成为可能的时候，你便能直面你心中不信任、批判的那一部分。

直直地看着它，说："你给我闭嘴！"

◆

接下来的几天，我们继续改良眼神书写器。本来我们用的是从索尼 PS3 上拆下来的摄像头，但对比度实在不足以满足我们捕捉细微眼球运动的要求。于是，我们又回到朝瞳孔打光的方法上。我们在眼镜上装了 3 个小小的红外线 LED 灯。这下出来的效果满足了我们的要求。

第四个模型已经比第一个好很多了：它能更好地捕捉眼球运动，更好地识别眨眼动作，光标移动更流畅，其重量也比第一个要轻。

我还没有和 Tempt 直接接触过，不过，我知道他已经能用 MyTobii 设备跟朋友和家人发邮件了，但我依然觉得还不是我该出现在他面前的时候。

他曾说过的一段话一直在我脑海里浮现。“在我瘫痪前，”他说，“服务社会让我有一种充满意义的满足感。失去了服务社会的能力，失去了绘画的能力，让我内心只剩下空虚。”那种自豪与痛苦是如此的鼓舞人心，却又让人有点害怕。能够让 Tempt 再次画画，比我以前所做的任何事都重要。

Tempt 的爸爸和弟弟终于还是让他知道我们这支“杂牌军”在为他的事情忙了，而且让他试用的日子也日益临近。听说 Tempt 很兴奋。他希望能成功，想再画画。

2009 年 4 月 5 日，周日，就是试用的日子。所有人都跟着我到了医院。我想先进去，所以他们都在外面等着。我承认我有点紧张。

首先，我讨厌医院。爸爸病危的时候我常去医院看他，从那时候开始我就对医院产生了顽固的厌恶感。尿味和消毒剂的味道无时无刻不在充斥着这个空间，惨白的日光灯让身体健康的访客看起来都像患者一样苍白，自大的医生疾步如风，从不与人进行眼神接触，提醒你小心尖锐危险物的警示牌无处不在，咨询员和护士脸上都是硬挤出来的笑容，讲起话来满口官腔，小心谨慎地从不正面回答任何问题。一切都让你有种大难临头的感觉。我老老实实地压下对医院的厌恶感。Tempt 所在的病区，尤其是一个特别让人难以忍受的地方。那里大部分人都只能依赖医疗器械维持生命，身体完全动不了。走过 50 间病房，门全部敞开着，病房里面的患者无一不罩着呼吸器。

但站在 Tempt 病房外的走廊上，我还像个跟暗恋多年的女生初次约会的青涩小伙子那么紧张。等了那么久，终于要和 Tempt 相见了，那一刻的心情比我预料得更澎湃一点。

但管它呢。不管是在医院里，还是在人生路上，我们总不能在走廊上站一辈子吧。

◆

一进入病房，眼见耳闻的一切快让我窒息了：目所能及之处全都是软喉、监控器和塑料管，耳边有规律地传来一声声缓慢的“哔……”，这台心肺呼吸机就是帮助 Tempt 呼吸的，发出的抽吸声像年迈力衰的老人费力地喘息着一样，费力地把空气吸入又轻轻地把空气呼出，仿佛在告诉你，轻点，安静点，聆听他的下一次呼吸，随后突兀地传来一声清脆的金属“咔嗒”声，便又重复刚才的步骤。催眠一样，非常吓人。另外还有一种抽吸声，是管子从 Tempt 嘴里抽出唾液的声音。我抬起眼看 Tempt。

我从他的双眼中看到了微笑。

很神奇。你要知道，他的脸部肌肉已经瘫痪得没法动了，但就算只通过双眼，就能传达出如此丰富的情感。它们是开心的、兴奋的，同时还是和善的。我也不知道我盯着那些胶管和医疗仪器看了多久，这让我突然感到尴尬。可当我们的双眼一接触，那份尴尬便消退了。Tempt 微微扬起眉毛，无声地跟我说了声“哈喽”。

多让人佩服！一个全身瘫痪，基本上可以说只能无助地躺在床上的男人，骨子里依然有那种让人敬佩的尊严和风度。虽然早就看过很多他的照片，但和他处在同一空间里时，尽管他不能动，从他身上散发出来的强烈个性依然让我印象深刻：他长得几乎就是一个印第安人的外貌，饱满的前额高且宽，脸很光滑，中央是一个像战士一样突显倔强的鼻子。他的眉毛是深黑色的，不知道是天生的还是剃出来的，脸上还留了一点胡茬，蓄了一点山羊胡。

“嗨，伙计，很高兴终于见到你了。”我首先打开话匣子。

“我……”我听到 MyTobii 设备发出的声音，愣了一下才意识到那是 Tempt 通过 MyTobii 设备在说话。虽然语速很慢，但也不是慢得让人难以接受。我提醒自己别打断他，耐心地等他以他的这种方式把话说完。

“我……也……很……高……兴……见……到……你……”

就在我以为他已经把话说完的时候，他又加了一个单词：“……伙计。”

就这样，我们像没什么大事要发生一样聊了起来。我抑制着激动的情绪，不消多时我就发现其实他也一样，都把那个对我们来说意义非凡的时刻看得云淡风轻似的。我们就这么聊着家常。我之前决定的是，在没有实质性东西拿给他之前，我是不会去见他的，而现在，我有东西给他了，就在门外和我的战斗伙伴们一起等着。我真是等不及要把它拿进来了。我猜 Tempt 也一样。

我把詹姆斯和伊万带进来。我能看出 Tempt 很喜欢他们，因为感觉他们跟 Tempt 是同一个世界的人，不是那种呆板的电脑宅男。

"伙计，我们可是你的涂鸦迷呢，"詹姆斯说，"你的涂鸦真的很棒，我们很想看到你再创作。"

他们等着 Tempt 的回话。来之前我们就相互叮嘱，与 Tempt 说话时别太心急，给足时间让 Tempt 去反应。果然，他的眼转向 MyTobii 设备，没多久，MyTobii 声音又响起了。

"牛……吧。"

这一句让我们都笑开了花。詹姆斯把新设备拿出来给 Tempt 看。然后，Tempt 又看向 MyTobii 设备，没多久我们就听到他的评价："很……科……幻。"看着 Tempt，这个全身瘫痪在床的人，努力让所有人感到舒服放松，而且还做到了，真的让人感到很不可思议。

然后，我们就开始干正事了。詹姆斯把眼神书写器给 Tempt 戴上，跟他解释操作原理：通过眨眼去"点"鼠标，在光标随着眼球移动的时候开始画线，再眨一次眼就能把笔从纸上抬起（准确地说是把光标从屏幕上撤走）。

接着我们把 MyTobii 设备解下来了，连上我们的设备，但这样一来，Tempt 就没办法跟我们沟通了，这让我一下子慌了。如果我们伤到他怎么办？如果我们让他呼吸不了怎么办？他要怎么告知

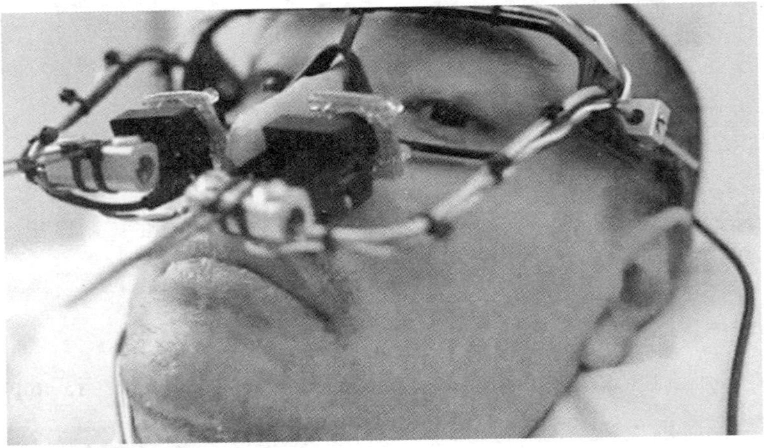

Tempt 第一次戴上眼神书写器。

我们？但当我再次看他的双眼时，我看不到慌乱，看不到担忧，他全神贯注地观察着正在发生的一切，全副心神集中在即将发生的事上。

他的弟弟拿着之前 Tempt 用的那张靠手逐个指的字母表到我们中来，时刻准备着用这种朴素的方式及时传达 Tempt 要跟我们说的话。同时兄弟俩也在做无声的交流。Tempt 在说："放轻松，兄弟，我能搞定。"

Tempt 在电脑屏幕上绘图，我们把他画出来的东西投放到墙上的一块大屏幕上，但他没办法在作画的同时看到屏幕。在他开始用眼作画的一瞬间，我们都非常激动，像是有股电流同时从我们所有身上流窜而过。但他很快就停下了。他只画了一笔，只能说是潦草的一笔。眼神书写器显然没能精准地捕捉他的眼球运动。成功了，因为制作原理的实际操作性获得了验证。但没有人觉得这值得欢欣鼓舞。说实在的，我们觉得很不理想。

几分钟后，Tempt 看向他的弟弟，示意让他马上拿来字母表。他拼出几个单词："很重。"他说，然后补充说："累。"

我们把眼神书写器从他头上解下来。Tempt 看向我，我发誓，我真的在他眼里看到了安慰，像是在说："嘿，伙计，我知道你尽力了。"他的眼神看起来有些歉意，似乎是觉得自己的表现让我失望了。但我觉得应该是我们让他失望了。

他爸爸戴上眼神书写器，说："真的，他说得没错，真的很重。"我们花了大量时间来考虑操作性，却没考虑到戴上去的舒适度。但新的想法马上涌现：我们可以用铝线来代替铜线，这样可以减轻金属导体的重量。

然后詹姆斯问了一个改变了设计大方向的关键问题。

"我们确定，"他问，"真的需要两个摄像头吗？"

◆

接下来的几天，所有人都陷入疯狂的忙碌状态。一个简单的想法，即我们只需要一个摄像头，像给所有人打了兴奋剂一样。对呀！两个眼球是同时移动的呀！所以只需要捕捉到一个眼球的运动就行了！之前我们设想的是用其中一个摄像头来捕捉眨眼，作为激活光标的开关，但我们发现其实可以进行设置调整，在 Tempt 单眨一只眼的时候去拿起"笔"，再一次单眼眨之后才开始绘画。我们还把程序设置好，在第二次眨眼后等待几秒，光标再开始绘图，这样就给了 Tempt 充足的时间把光标移动到落笔的地方，然后，就等着光标反应，开始作画。需要停的地方，用同一只眼眨一下，将笔提起。如此重复上述步骤。

他们中有些人彻夜不眠地忙着这个改良设想，编写新程序让眼神书写器能更好地捕捉眼球运动，尝试各种方法尽可能把眼镜的重量减轻哪怕一丁点，进行各种调适尽量减弱 LED 灯的光线，但同时又要保证我们需要的对比度。而我还在做我最在行的——把一切安排好，然后退后待命，让这些科学狂人继续发挥各自的作用。

要成大事，有时候就得认识到你不是那个凡事所需要的人。很多管理阶层总是觉得自己必须是一切事务的中心，结果就因为他们什么都要管，最终把事情搞砸了。其实很简单，大厦不倒，靠的是大厦本身的结构能站得住脚，而不是靠你在旁边一手撑着。找到对的人，把他们调动起来，把任务交给他们，然后你就可以退居二线了。我不像程序员那样会编写程序，我不像手工能手那样动手能力过人，我更无法像这帮科学狂人那样能把所有程序和系统组装起来。

所以接下来的那几天，他们要我干什么我就干什么：烤好煎饼，煮好意大利面，买好啤酒，准备好香烟，不停往家得宝和电器连锁店跑腿采购，让他们专心干他们的。

第一次试用失败后的第二天晚上，我们又来到 Tempt 的病房。前一个晚上，把他累着了，他身心疲惫。这些年，他都在这个安静的病房里活着，但这安静的世界却突然闯进来一支吵吵嚷嚷的“杂牌军”，连卡斯凯也带着她的拍摄团队过来记录事情经过，这负荷太大了。所以第二天晚上，我们决定要提高效率——进到他的病房，把正事干完，然后马上撤退。

第二次体验比第一次要好，我们能看出 Tempt 有多努力。出现在他的平板电脑和我们挂在墙上的投影幕上的，是一个有点颤颤歪歪却清晰可辨的字母 T。说句老实话，不管怎么说，那都算不上是艺术作品，他甚至算不上是在作画，不过我们又向着目标迈进了一步。

那一晚，我们就专注在正事上，没有任何废话，定好日程，用最短时间办好所有需要办的事就撤离。但就在他们把 MyTobii 设备重新给 Tempt 戴上、在我们准备撤离的时候，一个《超能陆战队》里充气机器人大白的声音传来，跟我们传达 Tempt 想跟我们说的话："对……不……起……各……位……我……本……想……给……你……们……些……惊……喜……的。"

当你要完成似乎无法完成的任务时，10 天短得就跟 10 分钟一样。他们 7 人订的都是不可改不可退的往返机票，眼看着回程日期逼近了，Tempt 连自己的名字都还没能写全，更别提要用涂鸦的艺术方式把它画出来了。我们进一步改良眼神书写器，让他可以直接看着挂在墙上的投影幕绘图。这会有帮助的。理论上讲，在一块巨大的帆布上作画比在一个小屏幕上作画容易得多，而且效果会更好。试想一下，在米粒上作画和在墙面上作画的区别就明白了。笔稍微抖一下，这种失误在小屏幕里会被放大，但放到大平面上则不会引人注意。所以说，换个大的幕是有帮助的。

我们还得给我们的重头戏安排好时间，在对面街的建筑上进行激光涂鸦，尽管现在我们还不确定到底能不能成功。不过，要有“船到桥头自然直”的乐观心态，首先就得克服和超越对失败的恐惧。我们都有信心会成功。凡事如此，你要么跟着你的信念走，要么就跟着你的恐惧走。

猜猜我们选的是跟着什么走？

事实上，我们就是孤注一掷。人们都说，如果你想把家收拾干净，就把所有朋友都请来家里吃饭吧，这样会逼着你把家里收拾妥当。于是我们就这么做了：请来我们认识的所有人，还有 Tempt 在涂鸦界的好友。

重头戏上演那晚，大家如期而至。我们这支“杂牌军”一部分人留在 Tempt 的病房里，另一部分在附近一家汽车经销商的楼顶设置投影仪。最佳观赏位置是街对面的一个停车场，所以我们就按照一贯的风格，直接闯了进去。我觉得我们应该尝试去申请使用权，但那样感觉似乎又有哪儿不对。

获得对方原谅比获得批准来得容易，但如果你觉得这两样都不是你需要的话，办事反而能更有效率。再说了，万一申请使用停车场被拒，那我们就真的没办法做演示了。

正因为我们压根没问，所以严格来说，我们也没有做什么别人跟我们明确说明不能做的事呀。这就是涂鸦者的逻辑，还有黑客和我这种人的逻辑。

Tempt 的涂鸦朋友斯利克、迪福、普莱姆、公爵和安格斯特都在停车场里等着了，让现场顿时充满了涂鸦界的权威感。当晚气氛很酷：Tempt 的涂鸦界老朋友和激光涂鸦黑客界的新朋友互相认识。所有人都很兴奋。

我们把 Tempt 的床移到房间的一边，让他可以通过窗户看到他等下要画的特大涂鸦。他已经看过激光涂鸦装备的视频，觉得很了不起，能成为戴着眼神书写器连上激光涂鸦来作画的先驱，这让他很兴奋。他只要跟平常一样，操作眼神书写器在挂在病房墙上的投影幕作画，然后通过眨眼来暂停绘图。在窗外，Tempt 绘制的图画同时会用光投射在九米多高的地方。

我有信心这次一定能投射出来一幅艺术画作。算是对大家忙碌这么久的一些认可，来证明没什么是不可能的。所以我们在 Tempt 的房间设置好需要的设备，通过 LAN（局域网），把无线信号传送到那个汽车经销商所在的建筑楼顶的激光涂鸦设备上。

但没有信号。

不用 MyTobii 设备来发声，也不用大声说，也知道我们心里在想什么：噢……糟了！

那时已经是傍晚 7 点了，附近所有商店都准备关门了。我开着那辆汽艇一样的黄色别克在阿罕布拉市疯了一样急窜，从 AT&T（美国电话电报公司）的门店到 T-Mobile（一家跨国移动电话运营商）的分店再到 Radio Shack（美国信誉最佳的专业电子产品零售商）电商，把能买到的每一款无线网络卡都买了下来，希望至少有一张能用。

最后买的是 Sprint[①] 卡——最终派上用场的就是它——但为了买到它我差点脑动脉瘤破裂。

“你好，”我边对柜台上的收银员边说边把 Sprint 卡扔到桌上，脑袋已经乱七八糟的，连那收银员姓名牌上的名字都不会拼了，我喘不过气来，豆大的汗滴如雨下，“给我这个。”

“好的，先生，”收银员说，“现在用我们的无线网卡你可以登记使用我们 Sprint 无线网的任何一款套餐。我们推荐白金套餐，它有……”

我毫不留情地打断了他的话，只想让他别再废话，“行，但我不需要套餐。我只要用这张卡来设个局域网。就这张卡就行了，谢谢。”

他还真淡定。“好的，先生，”他说，“但你要知道，选白金套餐……”

“就这张卡就好了！就这张卡！就这张卡！其他什么都不要！不要什么套餐！就这张卡！”我快被他逼疯了。我平日最讨厌那些粗鲁的人，但那会儿我自己就是个粗鲁的人，不过我的耐性真的被他磨光了。如果这孩子下一句再不说那句“请刷卡付款”而说些别的什么的话，我要么就抓起卡直接冲出店外，要么就要开始砸东西了。

幸运的是，他终于放弃向我推销白金套餐，乖乖地收了钱。我敷衍地咕哝了一句：“抱歉，小伙子。”虽然想解释，可时间有限。

回到医院病房，我把一大堆卡一股脑地全拿给他们，他们只花

① Sprint：美国第三大移动运营商，主要提供长途通信、本地业务和移动通信业务。

了 5 秒就挑到了张能用的，并把网络设置好。从停车场那边传来微弱的欢呼声，我们就知道网络连上了。

一整晚，Tempt 都像个活佛一样，气定神闲、祥和安宁，有着等上千年的耐心，就算他对周遭乱哄哄的一切有过担心，也完全没有表露出来。他就像一个做足万全准备的击球手，练着挥棒，不管何时上场，都能时刻准备好。

这时，我已经淡定下来，恢复冷静了。我和 Tempt 对望了一秒，通过眼神祝他好运，便往停车场去找卡斯凯和孩子们，跟其他人一起等着重头戏的上演。停车场上像在开派对一样。兰斯，我的弟弟（也是我最好的朋友）特意从圣地亚哥赶过来。这是我第一次在这个城市和他碰面，我们两人一相见便热情地拥抱，拳头往对方背上一敲。

我跟他说："等会儿会有精彩的戏码要上演。相当精彩。Tempt 涂鸦界的战友们都聚在一起，大家围在激光涂鸦的设备周围满心好奇，往墙上试着画。"

真正的狂欢要开始了。

我们跟留在病房里的人用手机保持联系。他们一给我信号，我便开始喊话了。

"好了，各位，能听到我说话吗？"大家花了一分钟的时间才彻底安静下来，一个接一个地，期待着重头戏的上演。

"接下来在墙上出现的，"我说，"就会是 Tempt 画的。"

没有人说话。大家一动不动。所有视线都集中在街对面的建筑上。

屏幕上的黄色的光点开始移动，先是横向，然后往下，形成一个有一点卡通但极具特色的大写字母 T。接着，在我们的眼前，用比我们预计要快的速度，比我们预计要漂亮的字体，出现了一个名字，或许笔有一点抖，但却依然是一个坚强且街头范十足的涂鸦名字：Tempt。

刹那间，在场的所有人爆发出热烈的欢呼。大家激动地拥抱、击掌、欢呼。我不断回头看，确认涂鸦真的在那里。是的，它真的在那里，亮如白昼！

Tempt。

Tempt 的激光涂鸦作品。

◆

“那是自 2003 年至今我第一次画下的东西，” Tempt 之后用 MyTobii 设备说，“感觉就像长期被困在水底，现在终于有人伸出手来拉我一把，把我的脑袋拉到水面上自由呼吸了一样。”很棒。“睡一下之后，我会再多试几次的，” Tempt 说，“如果不是那么累，我可以画一整天。”

我不知道我们为了什么原因而在这个世界上生存。不过，我知道不是为了赚钱，也不只是为了玩乐。虽然，骑着越野自行车挑难度更高的山路来走，能满足我对刺激的追求。但这个为了 Tempt 而展开的项目，绝不是纯粹地为了追求刺激。

在我看来，人生的历程就如一条窄窄的长河，我们都是在长河上漂荡着的小船。你要成功，就得掀起浪头。若划得太慢，船过而无波，那人生还有什么意义？有了孩子更是如此，你不但要留下自己的人生轨迹，还得向孩子们展示并亲身示范如何留下属于自己的传奇，等到孩子们自驾出航时，便懂得如何在人生的长河上掀起浪头。你告诉他们的人生苦痛教训，肯定他们也会经历不少，不过你得拿捏分寸，让他们在你身上学到有价值的东西。

我爸曾跟我说：“你走的时候露营地总是比你来的时候干净。”你或许没留下烟蒂、垃圾，但你也得收拾干净，让下一个过来的人有一个更干净的营地露营。或许就这样而已，或许我只是想在离开的时候，让世界变得比我来的时候更美好。

在这个特别的晚上，我做到了吗？我们做到的，只是把灯打到对面那幢建筑上，一分钟后，灯灭了，光没了。永远暗了。但也未必。或许，我们打在建筑外墙上的那道光将长久地照亮下去，即使灯灭了，也会长久地照亮人们的心和前方的路。

第六章

另辟蹊径，峰回路转

有一个社会现象让我着迷已有一段时间了。就在那晚 Tempt 的激光涂鸦重头戏后，我发现，原来我们已经融入了那个社会现象——“创客运动”。

在那几年后，《连线》(*Wired*)杂志主编克里斯·安德森才写下《创客：新工业革命》一书。此书一出版便马上成为创客运动的宣言。但其实在我们制作眼神书写器的那段时期，创客运动的迹象已在社会上随处可见。

可以说，创客运动是黑客运动的一种衍生物。20 世纪 70 年代，随着个人电脑的普及，年轻人在虚拟世界进行生产制作的文化应运而生，他们了不起的发明创造甚至让大企业望尘莫及。他们能将所有程序拆卸、把玩、改良，为自己的用途服务。对于创客世界之外的人来说，他们就像是无政府主义者，而对于创客世界的人来说，他们就是革命者，是把握“生产”(虚拟生产)的意义，并将“生产”为己所用的人。

如今，创客运动已经蔓延到现实世界。做买卖，统计商业增长率，利用 Windows 的基本概念设计图形用户界面等。在过去 30 年里，人们想方设法在虚拟世界中做各种各样的事情。但要把这些事搬到真实世界里进行，则是另一回事了。将虚拟变为现实要面临其他一些问题。

我们发明眼神书写器的本质核心，与创客运动的本质核心是一致的。把现实世界中一些发明创造的原理进行重新组装，解决一个具体问题，然后把解决方法在网上公开，谁要谁拿去。创客就是不管商业世界里的那一套规矩：创客会从不同的角度来看问题，自己寻找解决方案，并让方案成为现实——不用依赖工厂、公司、股东，在自己舒服的家里就能把问题解决。

◆

自从黑客大军打包好行李离开后，我家里就安静得不可思议。大概一个星期后的一天，我们照常把孩子们送去学校，卡斯凯为了把之前落下的工作进度赶回来而提早出门，家里只剩下我一个人，我几乎不知道要做些什么来打发时间。我上网看了下头条新闻，给自己倒了杯橙汁，坐下来查看堆积成山的电子邮件。

我向来都不会漏掉置顶邮件的，而这一封是 Tempt 发来的：

嗨，米克：

使用 Skype 的时候遇到一点困难，我要看看我的朋友兼看护者安德烈斯星期一能不能帮我搞定。他对电脑在行，也帮了我不少，特别善于解决技术问题。

相比原来的程序，改良后的绘图程序使用起来反而比较困难。前几天我和伊万讨论过这个问题。很难说清楚到底是因为我的视力问题导致的，还是因为程序本身需要进一步改良。原来的程序更好控制，不过新的程序视觉效果更好，要是我能更好地控制线条就太好了。

我每天都在练习绘图，比上周四画得要好一点了，但没好太多。我保存了一些图，不过在给你们看之前，我想先把控制技术练好。拙劣的画作，依然让我有点尴尬。

另外，上周四真的很开心。虽然花了一些时间才能切入正题，但我真的不在意。等待反而给了我更多时间和涂鸦界的朋友们相聚，这些都是我近年来没办法做到的（我听到他们在外面挺吵的）。真的非常感谢你和你的团队在这个项目里的全力以赴，我期待看到你们的下一步进展，也很高兴能成为其中的一分子。你那边的事情怎么样了？我们再聊。

——T

我盯着屏幕上的字好长一段时间，努力把注意力集中在文字内容上。但这封邮件的存在，让我一时难以消化。Tempt 在和我聊天。

这是 Tempt 给我发的第一封邮件。几天前我给他发过一封邮件，但也只是礼貌性地问候邮件，并没期待会有回信。但他回复我了，就像朋友间聊天那样，聊着有关眼神书写器、软件，还有其他的事。

这感觉真酷！

接下来的几个星期，我们不停地互发邮件。我们主要讨论怎么让绘图软件使用起来更方便。他的双眼变得非常疲劳，但他非常投入，你能感觉到长久以来被封印在他灵魂里的某些东西终于获得释放。

随着时间的推移，我们继续改良系统。现在我们可以说是装备齐全了——MyTobii 设备、眼神书写器，还有我们开发的绘图软件

（仍在持续改良中）。我们不停地进行各种配制和调整，找出各种操作的最佳组合。我们设备粗糙，但像 Tempt 那样的艺术家，值得更好的，所以我们还有很长一段路要走，所以我们不断尝试，要让眼神书写器操作起来更好、更快、更方便。感觉大家聚在一起的那个周末从未结束过，而且还更上了一个层次。

大概两个星期后，Tempt 又给我和一些朋友发了一封邮件。邮件里面附上了一些他画的画。我很震惊。

> 好了，让你们这些在大城市里的嘻哈潮男潮女一起来看看我的进展……
>
> ——摇摆的 T

Tempt 的涂鸦作品让我很震惊。

这些画还是很基本的，但比他第一晚画的已经好很多。看着一切发展如此迅速，非常激动人心。

可之后好长一段时间，他没再给大家公开过画作，但我们依然一个星期左右就会往来一次邮件，基本上聊的都是程序的问题。托尼（Tempt 的本名）把操作过程中好的和不好的问题都说得非常细致。例如：

嗨，各位：

最新一个版本的绘图程序（MyTAGii[①]）使用起来不太顺手，我在这里写一下使用心得：

第一，现有的图标太大了，最好能摆到窗口的左上方（远离屏幕右上角把窗户最小化、最大化和关闭的图标）。另外，如果能有更多图刷供选择（比如，凿尖形图刷），能有线条粗细调整图标就更好了。还有，另外弄一个专门制作颜料下滴效果的图标，可以跟图刷和线条粗细功能分开。

第二，要是能把下沉的阴影效果分离出来另做图标，而不是附带效果，那就更好了。这样就能停下线条，取消阴影效果，再重新画线，让线条看起来是一气呵成画好的（例如，在大写字母"A"上写"bar"）。

第三，能不能弄一个"覆盖 / 被覆盖"的图标呢？这样在画图的时候就可以选择下笔处，是在上一条线的上面还是

① MyTAGii：意为"我的涂鸦第二代"。——译者注

下面下笔了。

……最后我想提的就是要用眼来控制画线，真的非常困难，终止画线也一样困难。虽然自你们离开洛杉矶后的这段时间，我练了不少，但画出来的基本上只能说是比潦草好一点，基本没办法更进一步了，真的挺沮丧的，因为我本应该是时候让你们看到一些不俗的作品了。我会继续努力，不过目前我的涂鸦水平跟你们之前在现场看到的差不多。

好了，希望大家一切安好，随时给我回邮件吧，我也喜欢听听大家的近况。祝大家心情愉快。

——T

夏去秋来，Tempt 说，他的涂鸦已经进步很大了。我很想看看他的画。但他认为没准备好，就是不给我们看。

9 月，他准备好了。他给我和一群朋友发了这封邮件：

附件是我在过去将近 7 年的时间里的首批“画”，是在过去两个星期里，用眼睛控制涂鸦研究实验室开发的软件画下来的。他们真的是很厉害的黑客，人如其名。

软件还在改良中，还不能把字串连起来，不过能重新创作艺术，就已经让我非常兴奋了。我要向艾柏林集团和涂鸦研究实验室致敬。

能重新创作，能“活在这个世界里”的那种感觉真的很棒，这感受用言语无法描述。没有你们的付出和支持，这都是无法实现的。感谢你们对我的信任。能拥有像你们一样的朋友，是我的福分。

你们的 T

Tempt 的涂鸦作品明显有了进步。

点开这封邮件的附件时，我的手在抖。附件打开的那一刻，我差一点从椅子上摔下来。我大声叫喊着让卡斯凯过来。它们真的是……太棒了！太妙了！

它们是 Tempt。

◆

虽然很激动，可我们依然有些沮丧。从技术角度上看，那是可行的，但还没达到我们想要的程度。我们还需要让眼神书写器有更关键的操作软件，达到更高水平，让 Tempt 使用起来就像拿着喷涂罐在墙上喷涂一样方便。我们需要一步一步慢慢地调整，一调再调。成功的路还很遥远。

但我们在向着目标前进，而且我们不是孤军作战。

我之前联系过在戴尔工作的朋友，看他们能不能帮我们一把。而我也收到了让我难以置信的戏剧性回复：在我还没反应过来之前，就已经和我的导演朋友马克·福斯特一起坐在戴尔的会议室里，会议桌围了十几个电子计算机界的精英。他们都做过功课，了解过眼睛书写器了。当我问到“看着这东西的时候，你们有没有什么直观上觉得需要改变的地方”时，他们全都笑开了，马上开始滔滔不绝地讲起来。

所以，是的，他们有很多想法。“你们必须大幅度地提高精准度，减少误报，在目前革命性的基础上进化，”戴尔计算机工程师亚历克斯·邵斯说，“革命性地改进能给体验质量带来很大的提升。”极客[①]就爱说：“我们能把它做得更好。”不过，这话对我来说宛如天籁。

看到了没有？就是这样子。我们在不可能实验室创造出来的东西是很棒的，但毕竟很简陋。让它们变得了不起的是围绕着它们发生的故事。是故事让这些发明创造变得引人入胜；是故事让戴尔的人愿意挺身而出助我们一臂之力。一切，皆因其中的故事。

是故事让不可能有了可能的可能性。想想当年的罗杰·班尼斯特。在他之前没有人能在 4 分钟内跑完 1.6 千米。而英国跑步选手班尼斯特却在 1954 年 5 月 6 日打破了这个极限。但他的这个纪录只保持了 46 天。同年 6 月 21 日，班尼斯特的竞争对手之一在芬兰打破了他的纪录。

一直以来，没有人能在 4 分钟内跑完 1.6 千米，但一旦有人做到了，其他人便也能做到。我觉得这当中的原因很简单：班尼斯特展现了可能的可能性。一旦有什么被证明是可能的，心理上的屏障便被突破了。

那就是故事的力量。上述例子是班尼斯特的故事，而我们的例子就是 Tempt 的故事。

那也是马克·福斯特跟着一起过来的原因，因为我们要为我们做的事进行记录和见证，让我们做的事能载于史册并激励其他人。

---

① 极客：原文“geek”，通常指对计算机和互联网很狂热，且投入大量时间研究的高智商人士。——译者注

如果你能一遍又一遍、一天又一天地让其他人知道，有人正在做着不可能的事，你就能把不可能的重压一减再减，把人们的灵魂从“不可能”的压制下释放，释放出一批无人可挡的“大军”。之所以无人可挡，是因为他们脑海里想着：噢，我才不管，我能用别的方式来。那才是真正让人感到兴奋的地方。就像你在打游戏时不停地朝一面墙上砸球：每一次有人把不可能转变成可能，就好比往墙上多砸过去一个球。最终，墙被砸破，只剩一片断残垣壁，所有人都能超越这堵高墙，冲到墙外那个可能的世界去。你可以说，嘿，我想到那边去玩！那个可能的世界，有更多乐趣的世界。

Tempt 的故事让我们打破了我们心中的“4 分钟 1.6 千米”的纪录。我们把看似不可能的事实现了。他的故事的威力，让听闻者皆为之疯狂，闻者因他的故事而充满活力，因他的故事而备受鼓励。这正是我们的追求。

◆

只用了几个星期的时间，戴尔的精英们就做出了新的模型。另一位计算机工程师德鲁·托施把其中最好的几个模型拿给 Tempt 试用。其中一台基本上是架在 Tempt 的脑门上，而不是横在鼻梁上，上面有个三脚架让镜头可以跟随 Tempt 的眼球运动而旋转移动。在德鲁自己戴着来演示的时候，Tempt 直直地盯着德鲁看，因为它看起来很像独眼海盗的眼罩。然后我们听到 MyTobii 设备传出 Tempt 的反应。

“哈……”Tempt 说，“哈……哈。”

“他在笑你。”卡斯凯好心地给德鲁说明。

“他是在笑我看起来的样子呢，还是在笑我不确定这到底能不能行？”德鲁问。

Tempt 的回应，一如既往地用 MyTobii 设备平淡、没起伏的声音报出来，但话语间却带着他的幽默：“很……时……髦……的……科……幻……装……置。”

测试非常成功，我开心得快飞起来了，以至于在测试成功后的几个星期我几乎忽略了戴尔的人开始跟我提的一些担忧。他们设置软件时是预设让 Tempt 快速地连眨两下眼来完成。但见到他本人后发现，病情已经恶化到让他不能快速眨眼的程度。另外，戴尔的改良版眼神书写器是作为 MyTobii 设备的一部分，这就意味着，这两家独立的大公司必须要先处理好双方的合作关系。可惜的是两家公司之间的对话并不顺利。当时我是想，那几个黑客在几天内就能办到的事，两家分别在眼球追踪技术和电脑科技领域数一数二的大公司，给它们几个星期，肯定能创造奇迹。但原来，黑客世界与商业世界之间是存在着极大区别的。那天晚上，我如常地查看邮件，点开戴尔项目主管给我发过来的邮件，发现里面竟写着令人失落的文字。

米克：

眼神书写器驱送器的最新模型还是无法满足我们在自动校准和追踪眼球运动上的需求。更不幸的是，和 Tobii 合作已经是

> 不可能了……我认为我们还能为Tempt进行艺术创作提供一个合适的解决方案了。我真心向你道歉。就个人来说，我觉得这个项目的希望很大，也很感兴趣，但得知我们不能在原有程序上进行改良，真的让我觉得很心痛。

或者，换句简明的话来总结：戴尔退出了。

失望的心情简直无法用言语来形容。但我知道既然我们的“创客精神”已经带领我们超越了创造眼神书写器的阶段，就一定能再带领我们战胜这次挫折。如果你能释放自己，彻底成为那个世界的一部分（了解一成不变地去办事的时代已经彻底改变）过去那条死胡同，只要方向转个90度，就能看到一条新的通往成功的康庄大道。这跟涂鸦在艺术世界里实现的并没什么不同，都是以意义深远的方式，打破了所谓艺术的边界、规条和定义，让艺术的社群不得不去关注和尊重，并最终将这一群叛逆者邀请进神圣的艺术殿堂。黑客其实也一样。

要让黑客解决问题的最佳方法，就是跟他们说，你们办不到。至于创客，在我看来，则是在逻辑上更进一步：在现实世界中，而不仅仅是在虚拟世界里，弄清楚个中原理，把东西拆卸后再以不同的方式进行重组。我知道，最后，商业世界是能跟上我们的脚步的，会理解我们的所为，并把我们的信念融入自身文化中。因此，换个角度来看，戴尔虽尚未准备好投身创客世界，但已经朝着这方向迈近一步了。

在那之后没多久，Tempt写下了这段话：“事情并未按计划发展。但米克没有放弃。若一扇门在他面前关上，他会爬窗，或直接把后门撬开出去。哈哈。”看到他写的，我受到很大的鼓舞，觉得很荣幸，也很震惊。

在一个全身瘫痪躺在医院病床上只能通过呼吸机来呼吸的人，努力用眼睛写字来给你打气的时候，你还怎么好意思有哪怕百万分之一秒的瞬间去自怨自艾，为自己悲哀、沮丧呢？即使我有一瞬间想过要放弃，就那一下子，一切放弃的念头都被抛到九霄云外去了。

于是大家继续改良眼神书写器以及至关重要的眼神书写器操作程序。我们的每一次改良都会有一点进步。

我们继续忙我们的事，与此同时，Tempt 也在为实现他自己的想法而忙碌着。

◆

第一个得知 Tempt 想法的是他的好友安格斯特。这么多年来安格斯特一直去探望 Tempt，但现在探病不仅仅是探病了。“从他能重新画画开始，从我去探病时能重新跟他沟通开始，我们的对话都会绕到艺术上去，”安格斯特说，“聊天时我跟他提过，我会参加帕萨迪纳的展览。他问过我会拿什么过去参展。但我想知道，有没有人邀请他参展。”

结果是没有。但这是不会让 Tempt 气馁的。后来，几乎是一得知消息，他便马上投入创作了一幅他希望能参加展览的作品。

那可不是一般的作品。那是非常特别的作品。

“他说过想干点别具一格的，从没有人做过的。不只是在艺廊里摆的一些油画、图案、名字而已。日子一天天临近，他终于说，他也有想创作的作品。”

在 Tempt 脑海里（用眼神书写器一笔一笔地呈现在平面上的这种绘画方式）是涂鸦世界里的革命性创举：把二维平面世界里的涂鸦上升到三维空间。

“我能看到每个字母交叠，相互之间如何覆盖、交错，是非常复杂狂放的风格。”Tempt 在邮件里写道。但他不是指把这种效果画出来。他说的是要制造出来。制造出这些三维立体字母，让它们相互连接。

一天下午，安格斯特到医院探望他的时候，Tempt 给他看了一张草图。

“从概念上来讲，真的是很神奇，”安格斯特说，“他一说，我就知道这幅作品最后会放到哪里了。”

在我问起 Tempt 相关的事时，他写道：“不管你信不信，这个想法是在我梦里出现的。那时，我刚画好草图，但我觉得没什么特别的，只是些平常的涂鸦字母而已。那一个星期我真的是抓破脑袋在想，真希望能有些什么特别的想法。但想到的都只是一些乏善可陈的东西。直到那天晚上，那个梦。梦里我得到了 12 种版本。它们教我怎么去做。现在我的想法多得数不完。”那之后一切便如火如荼行地展开了。Tempt“钦点”了一些当地涂鸦界的知名人士参与项目合作。他发了一大堆邮件给他们，在大家来看望他的时候，他通过 MyTobii 设备和他们耐心地进行长时间讨论，以推动项目的进展。他的老朋友们都成了他的双手。他想做的，是一个立体的字母雕塑：Tempt。这有点像他在墙上涂下的，只不过这些字母是真正意义上以复杂和让人意外的方式相互交错缠绕着。背景则是他召集的那帮艺术朋友合作完成的创意性作品。

在与戴尔公司以失败告终的合作项目上，诞生了一幅神奇的艺术新作。这让我认识到创客世界里某些重要的东西：我们与戴尔的合作不算彻底失败。在创客的世界里这不叫失败。创客世界不是一成不变的，创客的世界是大量人与事纵横交错的复矩阵，彼此相融、环绕、交叠，就像Tempt新作里的字母一样。每个人在过程中各就各位，各司其职，下一个环节的人紧接上一个环节展开下一步。Tempt的世界正是如此：每一位友人分别负责涂鸦雕塑的一部分，或背景，或字母，没有所谓对错。每一位的每一步，都可能由下一位下一步负责人或是再下一位再下一步进行修整。

我们邀请艺术总监洁西·克拉克森前来协助Tempt。安格斯特把他们作品的照片带给Tempt看，Tempt会进行调整：把M的角度往这边调，把E朝那边倾斜。不断地一再超越。

那个打磨的过程与我们研发和调适眼神书写器的过程是一样的——不断地吸纳和改良，一直尝试着从不同角度去看问题、解决问题。若采用旧式的那种商业模式的观念来看待这个项目的进展和挫折，你只能被逼疯，以致放弃。但若通过新的角度去看待（大群人以自己的方式对同一个项目做贡献），若你有足够的耐性和信心让一切顺其自然地发展，最终他们会抵达你一直期待却独自一人无法完成的巅峰目标。

我开始以新的角度来看待这个基本上可以说是不可能实现的目标。你得把“众包[①]”上升到更高的层次，类似“众解[②]”，让群众不仅仅是提供金钱或想法，更要让他们参与其中，以他们各自的方式推动事情的发展。

◆

与此同时，Tempt 依然在以自己的方式推动作品的创作。他跟我身边的导演们一样，有一套清晰的视像方法：他们对事情该怎么做，很清楚，并且有自己独特的方式。他们不仅清楚自己到底想要做什么，还很清楚当中所涉及的一切，诸如语言和肢体如何表达，电脑如何操作，摄影机如何设置，等等。这既是他们的有力工具，但也会成为他们的限制因素。因为，他们一心一意要把脑海里的东西完美呈现在屏幕、帆布或者页面上。至于其他人和其他工具，则是他们要把脑海中的视像提取出现实世界的过程中要穿透的隔膜。在 Tempt 身上，我看到了和我身边导演们相同的要把自己想法实现的那种热情、那种意志、那种强韧和那种明确。

而这次 Tempt 不但在脑海对自己的艺术创作，尤其是衬托雕

① 众包：crowd-sourcing，指通过互联网让不认识的人协助解决问题。——译者注

② 众解：crowd-solving，从“crowd-sourcing”衍生而来，指通过互联网让不认识的人动手解决问题。——译者注

塑的背景墙面，有清晰明确的视像，而且这个创作还超越了个人局限。那虽然是 Tempt 脑海里的视像，但在实现的过程中，还融入了他朋友们的能量、创意和想法。这也正是眼神书写器所需要的。我们从一个具体的视像起步，而将它开源后，其他任何人都有可能给我们带来无法预料的发展。

背景墙由所有人合力完成，大家各有见解，背景墙就在大家思维碰撞与摩擦的过程中一步一步完成。Tempt 的一些朋友猜测，让所有人通力合作其实正是 Tempt 的本意。巨型雕塑的制作者和设计者来来回回地进行了多番沟通，让此次创作达到了涂鸦界前所未有的水平。

安格斯特跟帕萨迪纳加州艺术博物馆的相关人士提起过 Tempt 的新作，他们也很感兴趣，有意把其作品纳入展览，但毕竟是展览筹备的后期阶段了，主办方已经与其他参展的艺术家谈妥合作事项，因此很难保证一定能为 Tempt 的画作提供空间。

“他们给我们回复了，”安格斯特说，“没有向我们保证任何事情，但说了有可能把它纳入展览。我们把那看成是参展的保证了。”他说着，脸上的笑容有一点不自在。

有时候，只要你相信，就能成。而 Tempt 的作品真的就是这样。在展览开幕的当晚，所有人都在现场——卡斯凯、我和 Tempt 的爸爸，还有他涂鸦界的朋友们。那种感觉似曾相识。自卡斯凯和我去那个改变我们生活的涂鸦展已经 3 年了，现在我们又来了，四面同样是白色的墙壁，展场同样有红酒供应，面前同样是惊人的艺术佳作。

我想起和罗恩、史蒂文第一次吃早餐的情景，当时他们希望的，只是让 Tempt 重新说话而已。看着所有人站在那里，目瞪口呆地盯着 Tempt 的创作，让我忘记了呼吸。

Tempt 创作的作品，终于独立地立在那里，向世界自豪地展现自己，用响亮清晰且不容置疑的声音大声喊着：Tempt，艺术家 Tempt 回来了。不是那个躺在病床上的 Tempt，不是那个用眼神书写器绘图的 Tempt，而是艺术家 Tempt 回来了！

这是一个何等壮观、何等辉煌的回归啊！

这个涂鸦巨雕是 Tempt 创作精神和充沛能量的最佳证明。但我觉得，那也是给我个人的一条信息。3 年前，这似乎是不可能完成的任务。而现在，在我面前的这巨大又令人骄傲的雕塑，无比复杂又美丽，比任何一切都更好地向我证实着无法否认的“此时

Tempt 创作的涂鸦巨雕。

此地”。

剩下的唯一一个问题是：如果我们向自己，先不说其他人，证明了我们能把不可能变为可能，那么，接下来，我们要做什么？

第七章
如何成事三要素

“为什么你要这么做呢？”

人们经常问我为什么要为了 Tempt，为了眼神书写器这么大费周章。第一次被问到的时候，还真被问得措手不及。我还真没想过“为什么”，一直都只是集中于“如何”做到。所以，当应邀就这次项目进行演讲时，我都是把“如何”分解成三个方面来讲的。

1. 单一专注

我们不是要做什么惊天动地的大事，我们没想过要改革医疗设备业。我们只想帮助 Tempt，帮助一个人。如果我们幻想着要帮助所有肌萎缩侧索硬化症的患者能给我们带来什么名誉或好处，我们便会因此而分心、焦虑，难以把精力集中在做出某样东西以帮助 Tempt 这一点上。正是单一的专注让我们能不偏移轨道地前进。

2. 免费共享

免费共享是一件很有影响力的事，但在眼神书写器项目之前，我一直没意识到共享的影响力能有多大。早在我们制作眼神书写器之前，我们就决定要把它开源。虽然理解网络世界里开源的做法有难度，但开源之后眼神书写器给现实世界带来的影响还是超越了我的预期。不容置疑的是，公开眼神书写器的源代码是这次项目中最重要且最有影响力的一环。

3. 美丽且无限的天真

我们凭着不畏惧失败的精神去改良眼神书写器的关键，是我们的天真。我们不去管能不能办到，不去管只有两个半星期的时间能不能成功，不知道的事我们都不管。正因如此，正因为没有人担忧过，甚至完全没有想过“失败”二字，我们才能成功。

我们为眼神书写器项目拍摄制作的纪录片《涂鸦：Tempt One的故事》（*Getting Up*：*The Tempt One Story*）在帕克市首映的时候，一群电脑程序员特意过来告诉我们他们觉得这部纪录片有多棒。看完纪录片他们就一直讨论到底是什么让我们取得最终的成功。结论是什么呢？“如果你脑海里想着这事有多难，”他们说，“从一开始就不会有成功的可能。”他们还说，他们应该跟随我们的脚步，在做不做得来这个问题上，应该更多一份天真。他们还说，会重新审视之前一直认为不可能的事。

◆

上述就是“如何”成事的三个关键：单一专注、免费共享和美丽且无限的天真。但在我对“如何”的概念感到满意的同时，我还在努力想，到底是“为什么”：为什么我会这么竭尽全力为了一个我甚至都不认识的人去研发眼神书写器？为什么会这么成功？为什么这次项目会以一种如此有影响力又如此有意义的方式感动其他人？

想得越多，答案就越清晰：我为了我的弟弟而做，为了我的爸爸而做，为了我的儿子们而做。

真的就这么简单而已。

见到 Tempt 的弟弟史蒂文和爸爸罗恩的那天，感觉就像照镜子一样。更确切地说，是通过镜子看到一个平行世界。他们的家庭跟我的家庭没什么不一样，只不过他们遭遇了不幸。发生在他们身上的事，没有谁敢肯定地说不会发生在我身上，只不过我比较幸运而已。但我能想象万一悲剧发生在我的家庭，世界会变得如何。

我是一个父亲，还是一个兄长。我无法想象没法与他们沟通、无法知道他们的感受、无法知道他们在想什么的日子是多么可怕。但人与人最基本的沟通对 Tempt 来说几乎是不可能的。世界怎么会有这种事情发生?

我不知道谁会忍心在与如此残酷的事实相遇的时候，只说一句“祝你好运”，便云淡风轻地转身离开。若和家庭息息相关的人遭遇如此厄运，你是无法表现得如此冷漠的。

然而，面对现实吧。不少人面对着残酷的现实，他们都会选择直接转身离开。这没有道德上的对错，视而不见不会让转身离开的人变成坏人，这只不过是生活中的自然现象。所以，到底是什么改变了我的想法?

在我寻找我选择投身于 Tempt 项目的根源的时候，我其实不需要看得太远。其实，根源，就是我的父母。

◆

我爸爸叫莱斯利·戈登·艾柏林，我的名字就是按他的名来起的。他是个慈善家、商人，还喜欢和人激烈地辩论，上述性质排名不分先后。有时他会让我觉得，他最喜欢做的事就是让我们吵起来。他一辈子都爱做这种事。几年前，弟弟第一次带着妻子的娘家人来看望他。弟媳一家是从墨西哥恩塞纳达来的第一代移民，而我们的家在亚利桑那州，移民问题对当地居民和墨西哥人来说，一直都是个争论不休的问题。在把他的妻子娘家人带过来之前，我弟弟就特意把爸爸拉到一边跟他说："拜托，千万别在饭桌上提起移民话题，行吗？"当时爸爸说没问题。结果，人到齐了之后，你猜我爸说的第一句话是什么？才刚介绍完毕，他就问："你们对现在的移民法有什么看法？"弟弟十分惊异，哭笑不得地双手捂着头，像在说您在跟我开玩笑吧？但爸爸却朝我淘气地眨了一下眼，似乎在表示那是他觉得最棒的开场白。

但我觉得最能说明我爸是个什么人的是他热衷的慈善事业。从我有记忆以来，爸妈就已经在从事慈善工作了。他们在凤凰城开办了一家专为受虐妇女而设的诊所，这是当时凤凰城第一家这种类型的诊所。同时，爸爸还是天主教社会服务中心董事，甚至还是那里最让人敬畏的人，因为，正如我刚才所说的，他很喜欢挑起激烈的辩论，而且，要是他不赞同你的看法，他不会不好意思否定你的。

如果说我爸给我带来的是精神上的激励，那我妈给我的影响就是教会了我去实干：她很是咄咄逼人（好的那一面），目标很明确，能把事情都看得很透彻，而且做事情绝不轻言放弃。

她最大的成就之一，就是两夫妇致力于 Wellcare（艾博特护具），他们早就关注如今才引起热议的社会福利系统存在的漏洞。

这里有一个两难的问题：一个在社保体系内的单亲在职妈妈能定期收到政府的单亲家庭补贴，也能享受医疗保险，但如果她没了社保，不但单亲家庭补贴没了，医疗保险也没了；可如果她去麦当劳打工领取最低时薪工资，她就不能获得免费医保。于是她就会想："我还有 3 个孩子要养，我不能没了我的保险。不过孩子们的健康比我重要，所以我可不能去工作。"[①]

于是，我爸妈成立了 Wellcare 基金会，一家设立在凤凰城的非营利组织。他们联合一些愿意为贫困家庭提供志愿服务的医生，为那些努力脱离社保体系的女性提供医疗保健服务。我爸笑称我妈是"奖杯收集者"，因为她的这项社会服务计划为她揽回了多个奖杯。

爸爸当年给我树立的榜样，比他跟我说过的任何事更能带给我长远的影响，并让我走上了现在这条路。他从来不会因为你做了该做的事而对你大加赞赏，他以为那些本来就是你该做的事，没什么大不了的。他把这看得理所当然，也让我把这看得理所当然。有一次我告诉他，上大学后我想打篮球。他的反应是："很好。那你要每天练习投篮吗？投多少个？"我吓到了，破口而出："每天投进 50 个。"然后，我就开始每天练投篮，而且每天上学前要练完。我和弟弟一个房间，每天一大早我就从床上爬起来，蹑手蹑脚地溜出被凤凰城太阳队、拉里·南斯、"巧克力闪电"、达里尔·道金斯

---

① 在美国，单亲家庭的家长若能挣取最低工资，可糊口，则不具备领取儿童福利金的资格，而不工作收入为零的则可以带着孩子领取社会福利，满足基本生活需要。——译者注

的海报贴得像神庙一样的房间到车库去。

篮球架在车库的边上，撑着篮筐的那根杆子是我和爸爸一起插进水泥里的。

学着怎么和水泥本身就是一门学问，能让你学到一项技能，但我更享受的是自己动手做些什么的那种感觉。那是一种原始的快感，就像吃着自己亲手猎杀回来的猎物一样。

热身，然后开始练习投篮，不投进 50 个球不罢休，上学迟到也不管。通常我晨练差不多结束的时候，爸爸则做完弥撒回来了。他差不多每天早上 6 点出门去做弥撒，像闹钟一样准时，几乎可以说是我认识的人当中最坚持的一个了。他从 1980 生产的庞蒂克勒芒车里走出来，和我一起投最后的几个球，再到屋里去吃早餐。我收好东西后，也跟着他到屋里去。

爸爸不会把我的晨练看得有多了不起。他只会让你觉得，那是理所当然的，你本来就该这么做。我想这是他对我最深远的影响吧。说到做到、坚持、做自己该做的，是爸爸给过我的意义最重大的礼物。

在我狼吞虎咽吃着早餐的时候，爸爸就去上班了。他从来都很忙，早期是给其他公司打工，后来是自己开了家信贷公司，但他总能挤出时间来陪我们兄弟俩。到我们年纪稍大一点的时候，他还给我们的足球队当教练，他就是想参与我们的成长。但有一样让我印象很深刻，那就是他对我总比对其他孩子要严格得多。其他孩子做 25 个俯卧撑，我就得做 30 个；其他孩子做 30 个仰卧起坐，我就得做 35 个。

开始的时候，我还觉得他只是为了彰显不会特别优待自己的孩子而故意那么做的，但后来才意识到，其实那才是一种最特别的优待。其他孩子或许会觉得：哇，米克的爸爸对他好严格呀！我也确实那么想过，感觉特别苦、特别难受。但现在回想起来，那却是我最开心的回忆之一。

有个朋友最近才跟我说起一件他和华尔街大人物见面时发生的有趣的事。当时他们围着桌子聊天，聊着最近谈成的交易，新买的游艇。然后他突然抛出一个问题，问："你们最怕什么？"这简直就是个话题终结者。所有人一下子全安静了下来，都在冥思苦想。最后终于有人开口了，说："我只是想让我爸能为我感到自豪。我一直都很怕让他失望。"我得说明一下，那人的爸爸已经去世了，但他依然会因此受到激励，为了让爸爸自豪而努力。结果，在场的几乎每个人都有同感。

唉！我爸是 2007 年去世的。我不认为现在的我还在为了让他自豪而努力。那不是我的动力。我也不怕他，不像那些家财万贯的富翁那样怕自己的父亲。但每当我成功达成什么目标的时候，比如做出了眼神书写器，帮 Tempt 再次涂鸦，我就特别想念我的父亲。我只希望能给他打通电话，跟他聊聊："嘿，老爸，你猜我今天做什么了？"他听到肯定会很开心的。

而不管是现在还是过去，我觉得我跟那些华尔街大人物们最大的不同在于我并非在寻求爸爸的认同。他的存在，对我而言，就好比道德原则一样——由于他而深深根植在我灵魂深处的原则，会让我在做该做的事、做出正确选择的时候，让我感到骄傲和愉悦。鞭策我前进的动力，是源于我爸的。不过那也只是一半的动力。另外一半，来自于我的儿子们。

我不想成为他们生命里的主动力，而且，坦白说，我也不觉得我可以有、应该有或是将会有这种能耐。但我真的想成为能让他们感到自豪的父亲。我希望他们觉得我把做该做的事看得理所当然。为什么不呢？我希望他们能把这看得就像吃完饭自己洗碗，放学后做功课或者上学前投进 50 个篮球那样理所应当。那些本来就是你应该做的事，而不是因为你爸爸的希望你才去做的事。

要是真能这样就再好不过了。

◆

在亚利桑那州我们有着快乐的童年记忆，怎么说我们也不算富贵人家，但我什么都不缺。参加自己想参加的运动，放假会一家老小开心地去旅行，每年还会去科罗拉多州露营，童年生活很丰富。

但到高中高年级的时候，次贷危机爆发，房地产市场一下子崩塌，没有人要把贷款重组，爸爸的房地产信贷公司也破产了。爸爸突然失业了，那种感觉挺吓人的。我看见他在书房里用一台旧式的 MS-DOS 电脑和一张大大的软盘不停地打求职信，看见他下午在家收信，拆开的一封又一封都是拒绝信。一段日子后，他就连连锁快餐经理这样他之前从不会考虑的职位都投了，可就算这样，也还是遭到拒绝，因为人家要找年轻力壮的。

现在，我当了爸爸，我才能想象当时他肩上的压力有多大，心里有多痛苦，感觉有多窘迫、多丢脸、多害怕。

爸爸从来不会在我面前掩藏他的感受。他会让我知道，那段日子对他来讲是很艰难的。但他让我知道的不只有这些。他还让我知道：他不会就此被打败，他不会就此停止前进的脚步，更不会放弃。他坚持不懈地做着他应该做的事，为了自己，为了尊严，为了家人。再一次，他表现得就像这是世界上最正常不过的事一样。他的世界观跟温斯顿·丘吉尔的一样：经历一次又一次失败却依然热情不减，那样便是成功。不知道为什么，我就知道那么做下去就能成功，因为他让我相信，那样做能成功。

我想把这一门人生课传授给我的儿子们：伤心、沮丧、情绪低落都没关系。那些感觉都是真实的体验。我希望我的孩子们不管是在伤心难过的时候，还是在开心快活的时候，都有真实的感觉。我不希望他们对伤痛免疫。不少严父都希望孩子们能经受得住各种严厉考验，承受各种逆境依然屹立不倒。但于我来看，这些严父只不过是在制造一座座注定了会在日后喷发的情绪活火山而已。

哀伤、挫折、失落、痛苦、失望，产生这些感觉时，你要允许它们存在，跟这些感觉静静地共处一段时间，再不知不觉地把它们甩掉，然后大舒一口气，该做什么就做什么去吧。不要认输，摔得灰头土脸的也没什么，爬起来把灰和土拍掉，继续去走自己的路。我希望孩子们能学会这样与苦难和情绪共处，并战胜它，也希望我自己学会这点。

在那段艰难的日子里，我从妈妈身上也学到了重要的东西。次贷危机爆发时，妈妈在亚利桑那州立大学进修，攻读宗教研究课程。作为获得课程学分的一部分，她需要在医院里当牧师，为各种不同宗教信仰的信众服务。爸爸的公司破产后，她退学了，承担了两份工作：白天在家里照料家庭，下午到州医院的精神病科室上班。

但她一直没辞去在医院里做志愿牧师的工作。小时候，我就见识过她工作很卖力。我想正是因为她，我才懂得在困难时期，你需要尽一切所能来维系家庭。但很多年以后我才问她，为什么身兼多职那么辛苦还要继续在医院里当牧师。“要维持家庭开销已经够辛苦了，”我问，“为什么还坚持花那么多时间去帮助其他人？”

她的回答很简单。“我就是喜欢呀，”她说，“帮助他人让我开心。”

我之前还好奇，我这份帮助他人的热心是从哪里而来的。

现在我知道了，这颗心是妈妈给的。

◆

1988年，我就读于美国空军学院，在那里我学到了人生重要的又一课。只不过，那不是他们希望我学的。我在空军学院学到的，是如何去打破常规。

学院有一本书是新生必背的，叫《飞机云》(*Contrails*)，里面全是些生活中根本用不到的信息和数据，所以，我根本懒得去看。这本书对新生来讲是一道例行要过的槛：师兄会随时抽查你，逮着你，从书里出题，你必须要回答得上来。我已经习惯了每天战战兢兢地生怕被逮到。习惯那种担惊受怕的感觉挺有用的，并在日后生活中派上了用场。

反正，第一学年最后一个月被称为“认可月”，也就是说你也终于能当上个学长了，我就差那么一点就熬过去了。结果就在最后一个月的第29天，被一个学长偶然地发现，我居然什么都不懂。

那天一大早，他就把我从宿舍里拽出去，操着一口浓重的南方口音冲着我大喊：“艾——柏——林！”他口沫横飞地喊我的名字，活像一头发了狂的斗牛梗，“啊！没时间陪你耗！我是田纳西人，你知道在田纳西我们会怎么对付像你这种人吗？”

其他一年级新生都跟着我们来到走廊上，因为要显示出班级的团结力量，大家都这么做。而这却让学长更生气：“看看这些人，他们不得不来为你撑腰，就因为你是个废物！你这混球！”没人敢笑，因为大家都知道他已经气疯了，要是谁笑了的话，只会让情况更糟。

“艾——柏——林！”他继续扯着嗓子鬼叫，“既然你什么都不懂，那我们从最简单的开始。数ABC吧，从头数到尾！”然后我说：“是！了解！美国字母表从A到Z顺序如下！”

“A……B……C……”

我要多慢就数多慢，他气得脸色发青发紫。“快一点！艾柏林！”他又扯着嗓子鬼叫。我赶紧有多快数多快，然后又渐渐慢下来。终于调到合他心意的节奏了，我数到“L……M……N……O……P……”便开始不断地重复，就像我完全记不得接下来是哪个字母一样。

“P……P……P……”

“艾柏林！你居然连字母表都不会背！简直让人难以置信！”

站在我身边的人一心想救我，在旁边低声说了句：“米克，下一个是Q。”

我终于忍不住了，咧嘴大笑起来，盯着在我面前扯着嗓子鬼叫的学长说：“谁不知道是Q。”他这才意识到我是在耍着他玩。如果你想知道人被气得头顶上火山爆发会是什么样，你就应该那天早上到现场观摩。

反正那天开始我活过来了。那点小聪明救了我，也让我明白打破常规比那要复杂得多，但也有趣得多。在学院的日子里，我不断磨炼这种技巧。其实就是找漏洞钻空子，在其他人发现你找到漏洞之前，往洞里钻就好了。

比方说，作为菜鸟（他们把空军学院的一年级新生叫菜鸟），你是不能和外界联系的，尤其是在接受基础训练的时期，在他们亲切地把你形容为“连屎都不如”的那阶段。你不可以打电话——当年可是1988年，既没有手机，也没有互联网。但在接受基础训练期间，我却在大堂发现了一个诡异的清洁用具房，里面藏着两台可乐贩卖机和两座电话亭。这正是我想要的。

我偷偷捎了个闹钟进宿舍（又是一样你不该有的东西），设好每天凌晨3点，闹钟一响我就从床上弹起来，溜到下面的清洁用具房里，大半夜的给我女朋友和我爸妈打电话，压低声音鬼鬼祟祟地聊天。每周我都这么来三四次，有时候还不止三四次呢。又不是什么大不了的事，只不过是聊天而已。至于为什么要那么做，纯粹是因为有人跟我说不能那么做而已。

你知道最后怎样了吗？

我学到要怎么不去学他们想要我学的东西。

那就是空军学院给我的感觉。空军学院把我剥得只剩个内核。如果你的内核脆弱，他们便能把你塑造成他们想要的样子。但如果你的内核足够强悍，他们斗不过你，那你就会变得越加强悍。我觉得我之所以成为今天的我，还真多亏了空军学院，但我不认为空军学院会领这份功劳。

我学会了在鲨鱼成灾的海里安全地航行。我学会了当有人跟你说一定要这么做的时候，体内一定会有质疑的声音，我会默默地问自己如果还有别的方法呢?

所以，我还是挺感激空军学院的，让我学到了那么多的东西。不过，我还有大事要办呢!

第八章

猴子不分好坏

从空军学院出来后，我进入加州大学圣巴巴拉分校就读，我在那里学习怎么做生意。当然，只是一个大学生的程度。

这是一个家族传统，我叔叔加里之前也就读于圣巴巴拉分校。他在校的时候帮朋友搞起了排球联赛联谊会[①]。

理由其实很简单：他有一个朋友跟女生打交道都成问题，于是朋友们就决定搞个棒球锦标赛联谊会来帮他，然后跟这朋友说："来吧，伙计，如果借此机会你还与女生搭不上话的话，就死了这条心吧。"

在校园里，我认识了一个叫塞斯的人。他有一家牛仔裤公司，卖的牛仔服饰都很时髦。他是个很有艺术感的人，在衣裤上画画，然后再将其卖出去，生意还挺不错。所以，我就负责在我们住的那个大学镇里卖服饰和搞活动。塞斯和我"帮"那些女生试穿——"噢，这里有点紧，我帮你调一下。"

没多久，我们就把生意跟棒球锦标赛凑到一块。锦标赛还在定期举办，甚至还发展成了一个大型的慈善活动，美国南部会有一半的联谊会来参加。这些联谊会都需要队服、背心、短裤，于是我们

① 联谊会：美国大学里有各种联谊会，男性的叫"兄弟会"，女性的叫"姐妹会"。——译者注

凭着塞斯的制衣技能和我的销售技巧，成立了一家叫迪拉斯的公司，给联谊会卖队服。

方法很简单。我拿着五六件单价不超过 100 美元的成衣，到各个州去找联谊会推销。看样子，联谊会的队员们大多喜欢我们做的衣服。我们也热衷于这种既能不断地拿到订单赚到钱，又能结识新朋友的活动。那样一来，制衣的钱还没花出去就能先有钱入账。这样上大学，这样做生意，还真是妙不可言：既能赚钱，又过得快乐，一举两得。

◆

但我们跟普通的大学生没什么两样：钱来得快，花得也快，毕业没几年，钱都花光了，我也厌倦了原本在做的工作——向高中毕业生和大学生推销滑雪路线和墨西哥旅游路线，想谋求新的发展机会。那会，卡斯凯已经和我交往好一段时间了。记得那天，我们在曼哈顿海滩的木栈上散步。那日天灰灰的，洛杉矶 1 月份不太常有这样灰沉沉的天气，不过跟我的心情倒是挺搭的。我跟卡斯凯说，我想干些什么特别的，一些非常特别的。

我问她："你要跟我一起去西班牙吗？"

她想让我知道，她跟我一样态度强硬且说一不二。

"我不会再跟着你到处跑了，"她说，"我为了你从艺术学院退学，搬来我并不喜欢的洛杉矶。除非你知道自己想做什么，否则我不会再浪费我的人生跟你耗。但如果我们结婚了，那又是另一回事。可如果就这么玩过家家，我们就分手吧。"

于是，我说了一个品行得体的男人在被逼入墙角时唯一能说的话：“我想 5 月份就到西班牙去。如果我想你在 5 月份的时候跟我一起去西班牙，我具体该什么时候向你求婚？”

她摇着头，给我一副“你在说笑吧”的表情，说道：“好，下周三吧。”

她在耍着我玩，她想我不会真的在下周三向她求婚。

结果，她错了，我真的在接下来的那个周三求婚了。

两个月后的第 28 天，我们拿着两张去西班牙的单程机票往机场出发，衣兜里总共只有 1300 美元。

我们用碌碌无为的未来警惕自己：如果我们没办法在那里生活，那就得用信用卡买两张回程机票，回美国找一个治安还算可以的安静社区，买辆普通的车，找份普通的工作，买幢普通的房子，普普通通地度过余生。

过碌碌无为的人生，那种恐怖的感觉是一股非常可怕的动力。

我们找了一家廉价的招待所住下。卡斯凯在出发前就把自己的车给卖了，拿钱买了一台二手的苹果 520c 手提电脑和一台小型打印机。浪漫的蜜月假期就在每天不停地打印简历和想方设法寻找生计中度过。

事到如今，我也只能硬着头皮去做该做的了。我不管那时是西班牙的大夏天，每天穿着套羊毛西装挨家挨户地去敲门，热得裤子都汗湿了。大家都觉得我是个疯子：大热天穿着厚西装，语言又说得不好，甚至连一个工作签证都没有。他们都把简历递回给我，要是当年我的西班牙语说得溜点的话，就能知道他们说我有多愚蠢了。

第八章　猴子不分好坏

我们甚至穷到要纠结到底该把钱拿去买纸张继续打印简历，还是买土豆罐头果腹。我们不想把信用卡刷爆，因为根本没法还款，所以就只能这么过了。

没过多久，我们便身无分文。

但当你坚定地要去做别人跟你说不可能的事的时候，有趣的事就会发生，尤其是如果你三生有幸地有一个美丽女人陪在身边，相信你所相信的便会信任你，支持你。有趣的事真的就发生了。就在我们准备打道回府的时候，我们遇到了一个男人，他是一所英语学校的校长。他和我说："喂，学校两个星期后就放假，不过要是你们 9 月份过来，我给你们工作。"

我们得救了！现在，我们只要撑到 9 月份就行了。

我们其中的一份结婚礼物是一张欧洲火车通票，而我们唯一有联系方式的人，关系也非常疏远，是我前老板的好朋友的姐姐。她在葡萄牙阿尔加维一家度假村里当度假屋销售经理。我们给她打了电话，她很惊喜，说："噢，上帝，这边可缺人了！你们应该到这边来，我绝对能给你们安排工作！"太好了！把欧洲火车通票这么用，说真的，还真浪费。因为通票一激活，你就能在一个月内免费通行欧洲各国，而我们却拿它当单程车票用。可是我们破产了，就只能那么做了，那张通票是唯一能把我们带出绝境的东西。

在南下阿尔加维的火车上，我们对面坐着一个大概只有 4 岁的小男孩，他拿着些红色、蓝色的塑料猴子玩具把玩着。我友善地凑过去跟他聊天，问他："嘿，你这些猴子很好玩呀。哪些是好猴子，哪些是坏猴子啊？"

小男孩眉头一皱，把玩具猴往胸前一抱。“不分好猴子和坏猴子的，”他用一个4岁小朋友能表现出来的最严厉的口吻跟我说，“就只是猴子而已。”

那是让我们终身受益的人生课之一：一个小朋友给我们上的哲学课。每当我们因为谁没能帮助我们达成目标而感到气愤的时候，像在帮助Tempt和经历其他磨炼的时候，当愤怒情绪开始爆发的时候，卡斯凯都会跟我说：“记住，猴子不分好坏的，就只是猴子而已。”

没错。

我们一到阿尔加维，就给朋友打电话，但她在电话那头说的话却几乎让我们没法活了：“抱歉，今天太忙，没办法跟你们聊。明天行吗？”

当然了，我们只能说：“啊，没问题，那样我们也就有时间观光了，这里好漂亮。”

不用想也知道，我们当时脑子里想的只是：我们怎么再多熬一天啊？

结果三天过去了，她才有时间见我们。而这三天里，我们只能到一些好一点的酒店里寒酸地点杯茶，靠人家免费附赠的小点心来填饱肚子。我们不想到处走动，因为那样只会浪费体力，肚子会饿，所以除了喝茶吃点心之外，我们都乖乖地在酒店房间里待着。

终于，我前老板的好朋友的姐姐终于和我们见面了，还给我们介绍了一位叫乔纳森的男人，这附近一带不少餐馆都是他的。我们给他提建议，卡斯凯帮他做质量监控，管理服务生，我就替他联系当地酒店，搞各种促销和活动，不过其他事我们也都愿意干：我们甚至可以当酒保，给酒保清理吧台，给帮酒保清理吧台的人拖地。

但乔纳森只看了一眼我的简历（在推销旅游线路那家公司我的头衔是副总裁），然后抬眼看了我，说："抱歉，我请不起你。"

卡斯凯的手在台面下悄悄伸向我膝盖，慢慢用力抓紧，指甲抠进我肉里。我懂她的意思。她想说："你一定得想办法搞定。"

所以我只能吹牛了。

"这么说吧，我知道你请不起我们，"我说，"但我看了一下你的这些餐馆，说实话，你不请的话后果更严重。"

他的态度发生了微妙的变化。虽然花了一点时间才落实，但我知道我们成功了，而且他当天就聘用了我们：工资不高，但对我们来讲，已经是上天的恩赐。连着几个星期没好好吃过一顿饭了，现在我们能在他任意一家餐馆免费吃，第一个星期就让我们都胖了大概 10 斤。我们有公司的车可用，有免费的煤气账号，周末可以到里斯本去玩，工作日也就工作 4 个小时，然后就去游泳，外出就餐，庆祝我们的好财运。

暑假结束时，我们的心情几乎能用伤心来形容。而当我们衡量着是继续留在阿尔加维还是回西班牙到学校工作时，我们决定继续走自己的路。那年秋天，卡斯凯在学校当校长，我堂堂一个一米九的粗犷男子归她管，站在讲坛上给孩子们上课，教他们《哦，船长！我的船长！》[①]（*O Captain！ My Captain*！）。那里没有免费的

---

① 《哦，船长！我的船长！》：美国诗人沃尔特·惠特曼为纪念美国总统林肯而作的著名诗篇。——译者注

食物，没有免费的泳池，但日子还是那么快乐。我想那是因为当我们试图将两种生活拿来做比较的时候，我们会提醒自己，猴子不分好坏，都只是猴子而已。

◆

那年圣诞节，我们买了往返机票离开西班牙，提着行李打算到洛杉矶度个圣诞假期就回西班牙继续教书。但正如约翰·列侬说过的（或许在他之前还有很多人这么说过）：生活中，计划赶不上变化。

我们又联系上了和念大学时一起给联谊会卖衣服的生意搭档塞斯。他让我们在他家住几天。那天早上，天气非常好，在加州这种好天气就该去冲浪。其实，我们也正好打算那几天去冲浪。塞斯把我们叫醒，便坐到电脑前滴滴答答开始敲键盘。我问他："你在做什么？"

他说："哦，这是一个叫 After Effects[①] 的程序，用来做动态效果，我就靠它来接一些零散的工作。"

我看着他弄了一阵子，感觉很神奇。现在，孩子从小看惯了复杂的数码动态图，在电影、新闻、平板电脑游戏里，动态图随处可见，没什么新奇的。但在1996年，数码动态图可是新鲜的事物，我认识的人当中没有一个人见过塞斯做的那种图片。

我问他怎么赚钱，他说："他们就给我打电话，让我帮忙弄些

① After Effects：一款视频后期处理软件。——译者注

动态图。”

我斩钉截铁地跟他说，守株待兔那样等着电话响是我听过最笨的经营规划了。然后他问我：“那你想怎么做？”于是我告诉他，就用我大学以来惯用的手段：走出去，让其他人给我打电话。

我开始问他各种问题，发现原来北美国际电视节正准备在拉斯维加斯召开大型论坛。出席论坛的可全都是塞斯的潜在客户。

我们争论着这几天应该做什么，是去冲浪，还是去论坛。塞斯还是想去冲浪；我既想去论坛，又想去冲浪。于是，我们就按照圣巴巴拉学院那些满脑子想冲浪、自尊心又强的毕业生那套来做决定。

抛硬币。正面，去冲浪；反面，去论坛。

塞斯把一个 25 美分硬币往空中一抛，然后右手把落下的硬币往左手手背上一拍。

结果是，正面，冲浪。

我们盯着硬币 3 秒，谁也没说一个字。

然后，慢慢地，我把手伸了过去，拿起 25 美分硬币，将它轻轻地翻转，再放回塞斯的手上。

反面，论坛。

恕我冒昧，列侬先生：是的，有时，去做计划之外的突如其来的事，这就是生活。但有时，生活就是你计划之外要发生的事。

◆

于是，我乘上了西南航空公司前往拉斯维加斯的飞机。晚上我在廉价的酒店落脚，白天我则拿着一台老式的 Hi8 折叠式播放器在北美国际电视节论坛上挨个展位去推销，跟他们说一些塞斯告诉我的和我自己从相关杂志上看来的东西。“你好，我想找负责节目预告的主管。”一旦找到我要找的人，我便开始施展惯用的销售技巧——把那台折叠式播放器往他们手里一放，什么也不说。这么莽撞地行事，希望真的不大。但我的直觉告诉我，肯定有人会感兴趣！果然，这些主管们都伸手拿起看了。我便顺势给他们戴上耳机，按下“播放”键。

他们都被惊到。我们把塞斯做的东西拼了个蒙太奇短片（那当中有大概 15% 是客户的东西吧，其余的都是他为了这次论坛而弄的），配上野兽男孩的音乐（有点作弊的感觉，毕竟他们的歌配什么都感觉很棒）。播完了，他们没有一个不感到神奇的。

然后，我就开始用我的三寸不烂之舌进行游说。这才是真正考验胆量的时候。

当负责节目预告的人看过短片后，我跟对方说：“我想说的是，我们希望能成为你们的节目预告片、广告模板还有开播和结束画面的制作负责人，并担当你们的设计指导。”

说完我就屏住呼吸等，因为我紧张得也不知道自己究竟在说什么。但我却知道他们的回答是什么意思。因为他们都点头如捣蒜地说：“好。”

回来后，不到3个月的时间，就有将近10万美元生意自己找上门。接下来的一年里，靠着良好的人际关系，我把生意扩充到120万美元的规模。对于一家只依靠一个对电视业一无所知的人莽撞地去打电话做推广，一年前只能挣个10万美元的小公司来讲，已经很不错了。

一开始办公室在我们住的那座公寓的临街地下室，但不到一年的时间，我们就聘请了十几位员工，从临街地下室搬到由法兰克·盖瑞大师设计的办公室里。一切发展得迅速又平顺。

所以，让我花一分钟来讲讲做生意的门道，还有些胆量吧。

那时，我看了很多励志书，像海绵一样吸收一切能帮助我维持积极人生观的能量。

我听拿破仑·希尔的励志演讲录音带（他是第一批提到积极思维力量的人），读他的长期畅销书《思考致富》（*Think and Grow Rich*）。我听吉格·金克拉的演讲，读乔治·克拉森的《巴比伦富翁的秘密》（*The Richest Man in Babylon*）。我从中学到的就是像莱斯·布朗一直说的那句：装到你做到为止。而我把它解释理解为：你想成为什么样的人，就装成什么样的人。

很多人都想知道，我这种强大的自信感到底从何而来，居然胆敢在满屋子行家面前就那些自己一窍不通的东西胡吹海侃。但我从那些励志书里学到的，在自家车库前的那个小球场上从我爸爸身上学到的，在把队服卖给青春无敌的大学女生的过程中学到的，在西班牙贫穷潦倒到身无分文的时候学到的，其实那些“学问”既深奥又简单。

你想成为什么样的人，就装成什么样的人吧。在你意识到之前，你就已经的的确确地成为你装的那个模样了。

你想想看，所有人走进去的时候都满心担忧和自我质疑，不断在忧虑着万一失败了怎么办。但花一秒去想想“失败了会怎样”？这个问题的答案通常都非常简单：没事。

假设负责节目预告的人不理我，或直接把折叠式播放器还给我，或当我是个初出茅庐的人直接把我踢出他们的摊位，最糟的状况不也就是他们全都觉得米克·艾柏林根本就是个什么都不懂的外行人，永远不想跟我有生意上的往来。

那样的话，会怎么样呢？

那就买张机票回洛杉矶，跟塞斯一起，按照抛硬币最初决定的那样去冲浪呗。除了在拉斯维加斯浪费几天外，我什么也不亏，不是吗？

就那样而已。

那段日子里，不管是写的信还是发的电子邮件，我的签名都是“冒险的米克”。所以大家都开始叫我“冒险的米克”。因为，我觉得成功的秘诀其实很简单，就是认识到失败并没有什么大不了。

从每天的小冒险开始做起：跟不认识的人打声招呼，开会时大胆说出跟其他人不同的意见，或者给一份工资略高于你目前收入水平的工作投简历，其实都是一些日常我们深思熟虑后决定不去冒险的小事而已。我们整天满脑子想的是该不该做什么，可在给自己翻译时，却说成了能不能做什么。这些其实都不是事实，这些都只不过是我们在脑海里的自我对话而已，但往往在脑海里进行自我对话的过程中，它们会被固化，让我们误以为那就是事实。

可如果你创造一套不一样的思维方式，不管你一开始是否相信，都换个角度思考，把顽固的犹豫不定的担忧的想法换成强势的积极主动的想法，迟早（一般都很快）这些积极主动的想法也会被固化。然后，这种固化了的积极主动的思维方式便能代替消极被动的思维方式，成为决定你行动的主导。

这时，你就会发现自己会走上前去跟一个完全陌生的人打招呼，跟对方说“我们想帮你们制作节目预告片，当你们的设计指导”。因为你相信你能做到，更重要的是，因为你装得你能做到，所以大家都相信你了。

那样一来，你对自己说的积极主动的话，就改变了现实。多棒的一件事！

几年前有研究发现，一个孩子平均每天听到别人说“不行”是“行”的四百多倍。那一句“不行”不能解决任何问题，反而在你思想中根深蒂固，导致你对自己说“不行”的频率超越了你的想象。每次遇到什么状况，那句“不行”已经首先浮现并且准备就绪了。当你真的决定“不行”时，其实早就准备好接受这个结果，觉得这句“不行”是那么的理所当然。一句“不行”就是一个句号。

但如果那不是一个句号呢？如果你能控制你的大脑说“行”，用你目前期待和接受消极态度的方式去期待和接受积极的态度呢？如果你听到内心那句“不行”之后能好好想想，其实那未必正确，肯定是听错了，应该是“行”的呢？

“瓦解”即让自己以不一样的方式看待生活。也就是说我们得换个角度看问题：从小，大人们就教我们要先穿内衣裤，再穿袜子，然后是衬衫和裤子，最后才穿鞋子。如果你先穿鞋子呢？那样穿裤子或许会变得很困难，甚至有可能最后袜子都不穿就出门去了，但若你真的这么做了呢？或者身为一个右撇子，你试一下哪天什么事都用左手来做，包括开门、刷牙，等等，那又会怎样？

这些锻炼方式听起来都是很傻的。或许是吧，但却能带来很不一样的结果。或许十之有九用打破常规的方式去办事不会让你收获多大的好处，只会让你的鞋子卡在裤腿里。但也有那么十分之一的机会，透过不一样的角度你会看到完全不一样的惊人的东西。如果你让自己形成“瓦解”自我的习惯，迟早你能遇上妙不可言的事。

而那些最需要去瓦解的想法，就是那些失败的念头，那些担心万一做了傻事要怎么办的想法。正是那些消极的想法让你故步自封。

还有一个例子。刚开始学车时师傅就会跟你说，手要放在方向盘上 10 点和 2 点的位置。但如果车子是有安全气囊的话，那样其实是不安全的，把手放在方向盘上 9 点和 3 点的位置才会更安全。我们还习惯了把后视镜调到能看到自己车尾的方向。但那样就会让后视范围出现盲点。可要是把镜子稍微往外调一点，你又看不见自己车尾了。

习惯了旧的驾驶习惯，第一次在车里把手放到方向盘 9 点和 3

点的位置，把后视镜调到看不到自己车尾，感觉真的非常奇怪，也很不安全。但其他人跟你说的这样是不是更好更安全，其实不重要，区别只在于那跟你知道的不一样而已，你得相信，那样是对的，即使一开始真的感觉很不自在。

这跟在你期待着“不行”的时候想象“行”一样，或者在你紧张的时候装出很自信的样子一样。

只要装，就装到你能做到为止。你想成为什么样的人，就装成什么样的人。

◆

塞斯把公司命名为燃料，公司也果真像搭上了火箭一样发展飞速。尽管公司发展飞快，且让它有如此发展的人是我，我却依然没有真实感。塞斯待员工不薄，他的设计师每天可以赚 500 美元，但我却会走着走着便停下来，四处看，觉得真的是太疯狂了！坐在电脑前面在屏幕上把东西挪一下就能每天赚 500 美元？太夸张了吧！

我开始想：跟孩子们说了会怎么样呢？告诉他们坐在电脑前玩一整天，简单地动动手指头就能赚那么多钱？要是我让孩子们知道天底下真有这么好吃的馅饼呢？他们知道了会怎么样？

我和卡斯凯开始聊这个问题，而且没多久就做了一个决定——我们不在布伦特伍德这种孩子们的父母不是创意总监就是设计师、编辑的高端住宅区开兴趣班，我们要到市内的普通学校跟孩子们说：“嘿，你们知道有种专业叫动画吗？你们知道有种职业叫艺术总监吗？你们知道什么是设置控制器、建模、材质贴图制作和灯光架设吗？这些全都能用一台电脑完成——你们不都很爱玩电脑吗？”

我们真的就这么做了，开了一个叫电子槽的子项目。我们到高中去宣传兴趣班，先是去好莱坞高中，然后再扩展到威尼斯高中，卡斯凯为孩子们设计了涵盖各方面技术内容的课程。

兴趣班一开课我们就会给孩子们提出任务，兴趣班结束时他们就要交出一部影片。我们不但让孩子们做作业，也会让他们的老师都参与其中：孩子们得写剧本（那是文学课的内容），制作串联图板（那是手工劳作课的内容），做社会调查研究（那是社会研究课的课程）。兴趣班的作业还是与他们历史课的内容相关的，比方说，如果哪组学生历史课正好学到 20 世纪 20 年代的历史，那他们的作业就是对比地下酒吧和狂野派对，或是对比当代青少年犯罪集团和禁酒时期的流氓恶棍。当然了，他们还得制作动画，那是电脑科学课的内容。

我们把全新的数码科技和电影制作所涉及的各方面知识教授给孩子们，并以此为中心，将孩子们在学校的必修科目都串联起来。兴趣班每周两晚，每晚 3 个小时，我们有几十位志愿教师，他们全是好莱坞电影界的人。比如，有《侏罗纪公园》的制作人员教他们制作出恐龙蛋孵化出小恐龙的镜头，有专业化妆师教他们弄出逼真的伤疤。

兴趣班效果很好，孩子们都很积极，参加人数也越来越多。参加我们课程的孩子当中，没有人因为犯罪被捕，没有人未成年怀孕。我不是要把他们的良好社会记录归功于我们自己，毕竟这在人口中所占比例微不足道，很难就此下定论。但很显然的是，参加我们课程的孩子们日常多了个他们会积极参与的兴趣爱好，自然少了时间去惹祸。更重要的是，这让他们自我感觉良好，让他们觉得有值得期待的未来。而我，也亲眼见证了他们的人生观发生了不小的转变。

刚开课时，我们问孩子们，高中毕业后你们想做什么？他们的回答是：看门人、卖汉堡、园丁、零售店销售。而学年结束后，我们再问一次同样的这个问题，他们的回答是：编辑、作家、导演，当然少不了数码艺术家。

孩子们晚上来我们这里参加兴趣班，但白天还是必须到学校正常上课，必须把学校功课做完。要是我们的导师们发现他们没有完成校内作业或是没把我们兴趣班的项目做好，可是会对他们不客气的。

我清楚记得其中一名志愿教师眼睛直直盯着一个散漫松懈的孩子说："你知道我赚多少钱吗？你知道为了给你这种自怨自艾的混账上课，我得求老板给我放假吗？别浪费我时间！我来这里教你是没钱收的，我也不是来给你当保姆的！所以如果你不想学，我就跟米克说一声，把你请回去。欢迎来到这个现实世界，孩子！"

那孩子吓傻了。应该从来没有人会这么跟他说话。但第二个星期，他就换上积极的态度来上课了，不敢再怠慢。

乐享

挑战不可能之事的艺术与乐趣

◆

每每想起电子槽兴趣班，想起这个兴趣班带来的效果，我就会想起抱着一堆杂货的老妇人的场景。

假设你正坐在星巴克里，这时对面马路有一位老妇人，双手抱着杂货，不小心绊倒，杂货撒落一地。此时你瞥见正好有一辆车开过去。虽然还有一段距离，但方向是冲着老妇人那儿去的。你要怎么做？继续坐着喝咖啡？享受宜人的天气？想着你要不要拿个咖啡杯的塑料盖子，多要些方糖？还是马上跑出去帮助马路对面跌倒的老妇人？

帮助 Tempt 制作眼神书写器的时候我也有类似的感觉。当坐在我面前的年轻男子跟我说“我只想能再跟我哥说说话”的时候，我就是当哥哥的，我能联想到那种感受。当一位父亲跟我说“我有七八年时间没跟我儿子说过话了”的时候，身为人父的我也完全能体会到他的感受。所以在想起那位抱着杂货的老妇人时，你知道在这种情况，你要做的就是从咖啡店的座椅上站起来。

多年后，我受邀登上 TED[①] 论坛去讲我们做过的项目，一切都可以追溯到简单的那两句话：“若非此时，更待何时？舍我，其谁？”

这两句话成了我生活的一句魔咒，也正是这两句话让我衍生了之后的一切想法。

电子槽兴趣班也一样，我那时想，所以有人一天能赚 400 美

---

① TED：指 technology，entertainment，design 在英语中的缩写。这是美国的一家私有非营利机构，该机构以它组织的 TED 大会著称。——译者注

元、500 美元、600 美元，但他们都是白人吗？只有白人能有这种机会吗？放下手中那杯咖啡，从舒服的椅子上站起来，把机会也让给其他人，其他没有机会享受这种机会的人。

一旦你这么做过，一旦你从椅子上站起来了，你就会知道，光是这么个简单的举动你就能带来巨大的改变，我不想夸大其词，但你真的能看到社区里大家的转变，孩子们开始赚钱，并把这些钱花在社区事务上，以此回馈社会。这就是你能从真正意义上改变社会的方法。

你还会发现，这么做会上瘾的。

◆

大概一年后，我离开了燃料公司自己去闯荡。一开始我只是自由地接一些执行制作的工作，先多了解这行业，存些钱，等一切都准备好了再去开公司。我的第一家公司他们（They）是 2001 年跟卡斯凯和一个朋友一起创立的。那是我在燃料公司和之后学到的所有东西的一个延伸——如何把数码概念推向不同市场。我们有不少客户都很有来头，其中还包括美国宇航局。他们就像射击游戏里的主角 G-man[①] 一样，穿着笔挺的灰色西装，打着领带，而我则是这个把头发漂白了的洛杉矶狂人，在他们面前自卖自夸地说着我们能给他们做什么。他们可满意了。其他客户也一样。

但“9・11 恐怖袭击事件”之后，我们的生意一落千丈，好一

① G–man：科幻第一人称射击游戏半条命系列的重要角色之一。——译者注

段时间里没有人愿意在任何事上花钱。于是，卡斯凯花大钱给我们来了个《泰坦尼克号》里那样的派对。只不过我们喝的不是香槟，也没有小提琴四重奏，而是播着流浪者乐队和蓝尼·克拉维茨的摇滚乐，大家从 6 米多高的冰槽里接伏特加。

偶尔我也去当一下顾问，就这么干了几年。等到经济再次回暖，我便创立了艾柏林集团，事业又开始重回正轨。即使是在接下《奇幻人生》和《007：大破量子危机》之前，我也已经知道我们创造出了一些特别的东西。

但我还未意识到电子槽兴趣班的那段经历对我影响有那么大：通过付出时间和精力，兑现承诺，而非投入金钱，给真正有需要的人送去实质性的帮助，同时也让自己获得快乐。为 Tempt 做的事，或许可以说就是这种体验的巅峰。

或者说，似乎是巅峰。因为我还不知道，真正的高潮才刚准备向我们扑来。

第九章
开发利用个人的激情

父母必须要让孩子们学会面对现实世界，那是既让人激动又让人害怕的事：长久以来，孩子们都在父母的羽翼保护下成长，你无法想象没有父母的细心看护，他们要如何生存。但你知道你得让他们准备好迎接那个独立的伟大时刻，你也迫不及待地想知道他们能走到哪儿，在那儿会遇见什么人。

把眼神书写器对外公开时，我似乎感受到那种心情了。一旦你把自己的宝贝公之于世，日后会发生什么事，你完全无法预料。但我们会知道的。

一天，我们收到这样一封邮件：

发件人：俞景华

日期：2011 年 12 月 13 日，星期二，上午 5:33

主题：眼控鼠标[1]（EyeCan）项目

致相关人士：

我是三星创意实验室的俞景华。

很荣幸告诉您，受你们眼神书写器的启发，我们正在研制

① 眼控鼠标：这是由韩国三星电子集团的三星创意实验室开发，以眼代手控制鼠标的眼睛控制技术软件。——译者注

眼控鼠标。

眼控鼠标是一款开发软件，为身体无法动弹的肌萎缩侧索硬化症（又称卢·格里克症）和闭锁综合征患者而设，让他们能使用电脑，与世界接轨（不需要其他人帮助下实现）。

眼控鼠标以眼神书写器的开放源代码为基础，但在这基础上我们进行了一些修改，以满足电脑使用的需要，并添加了更多功能，如浏览谷歌街景等。我们也将会给韩国国内有需要的人提供DIY工具包。

于是，我在此想告诉您，非常感谢您的创意结晶——眼神书写器。它给了我们灵感，让我们能帮助有需要的人。

◆

从我们与Tempt经历了一番大冒险到现在已经有两年的时间了。把我们的孩子送去广阔的世界，也有两年了。收到这封邮件时，我的心情是激动、兴奋、开心的。这是对“公开成果能带来什么”的最佳说明。

我们希望在世界的其他地方也会有那么一些疯狂的黑客小团体能像我们研制眼神书写器那样做些疯狂的事——忙碌着并快乐着，不断改良，寻找需要它的人，然后将它奉献出去。只不过我们从未想过那个疯狂的黑客小团体居然会是世界上最大的科技公司之一。

但事实真的就是那样。三星电子的一小队工程师，在主要项目之外还进行着一个有趣的小项目，他们采用、改编、改良我们的眼神书写器设计，从而诞生了他们的眼控鼠标，并跟我们的一样，将之开源：三星的眼控鼠标不是用来赚钱的。他们提供软件，把制作指南上传到网上，谁想要一台，都可以自己动手制作，成本大概只要 50 美元。

三星电子还与韩国政府达成协议，由韩国政府负责统一制作眼控鼠标，然后分派给有需要的患者。据当时到的一份报告显示，当年需要眼控鼠标的患者有两百多人，而且三星电子的工程师还想方设法把这种“公共私营合作制[①]”的理念“出口”到其他国家，帮助更多其他国家的患者。

一说起病毒，你就会想起那些恶意软件。说起某些事物在网上如病毒一样疯传，通常都是在说那些无聊的自拍视频，像是有谁扯着嗓子唱小甜甜的歌，或是谁不小心被棒球棍打到下体之类的。

但想想 Tempt，想想这个在医院病房里与外界隔绝的孤独的男人，想想每天在他旁边不绝于耳的呼吸器的声音，每时每刻如是。想想他的艺术，想想那个我偶然在场的晚上他的艺术如何向世界无声呐喊。再想想因为他的艺术，因为那一晚，因为那一晚而带来的改变：那一切如何让我认识到用激光来涂鸦的狂人和其他疯狂黑客，如何让这份想法传达到三星电子的工程师那里，传达到韩国政府那里，传达到更遥远的地方。这份心意还飘进全球各地数以百计、数以千万计的肌萎缩侧索硬化病症患者孤独隔离的病房里，让每天都祈祷着能和父母、兄弟、姐妹沟通的他们得以实

① 公共私营合作制：Private-public partnership，简称 PPP，即政府和社会资本合作而服务于社会公共利益的一种融资模式。——译者注

现愿望。

对奉献的力量、共享的力量以及当你真的相信没什么是不可能的时候所释放出的无限威力，你还会有哪怕是一秒的质疑吗？

但那一切都还只是一个开始。因为把东西免费共享之后影响能传到更远的地方，尝试过那种滋味的我便上瘾了。

我知道为了真正有需要的人，做出一些所有人都说不可能的事的感觉。而我想要的，是重新感受到那种感觉，一次，又一次，再一次。

我们的小宝贝——眼神书写器在走向世界的同时，我们也在构思、建造、孕育一个我们准备向世界发送的理念。

我们把那个理念称为“没有不可能基金会”。

没有不可能基金会是卡斯凯和我为了寻找其他像 Tempt 一样需要帮助，为他们寻找像我们一样的七人创意杂牌黑客军那样的人，为他们寻找简单又负担得起的解决方案而成立的。

我是名监制，所以我首先想到的一件事，就是把寻找合适的人解决不可能的任务搬上电视屏幕。

卡斯凯、我和跟随我们最长时间的员工森莫·布劳布特开始不断构思电视节目该怎么呈现。每个星期都要有一个任务，通过破译或制造某些东西来获取关键条件。我们给节目取了个很不错的名字：《成功》。

我们弄了个电视业里所谓的“伪预告片”，从卡斯凯为 Tempt 制作的纪录片当中截取画面重新进行剪接组合和配音，展现电视节目的风格，然后在电视界内推销我们的想法。大家的反应都超出了我们的想象：大赞或是表达难以置信之类的感慨。大家都很喜欢这个构思，因为 Tempt 的事迹受到鼓舞。然后，他们会问："那其他季有什么想法？"

于是我们就开始描述其他的想法。

他们的兴奋度开始下降。

我们继续说。

他们的兴奋度继续下降。

那情景活像房间里被冲出一条裂缝，空气通过裂缝被抽了出去一样，与空气一起被抽干净的还有热情。

但我不希望你哪怕那么一秒觉得那个创意是失败的：恰恰相反。卡斯凯和我身边围绕着一大堆创意无限的人，我们开始为其他季构思更多的好点子。

但这当中肯定还缺了什么。

是什么让 Tempt 项目如此成功？如我之前所说的，主要有三个因素：单一专注、免费共享和美丽且无限的天真。

虽然，这个电视节目正是被这三个关键要素圈在中心，但还缺了一样。在 Tempt 的项目里，有第四要素为这三个要素注入能量与动力，让大家能为了解决各种谜题、烦人的误差和关键的理论问题而通宵达旦地干活。

第四个要素是激情，源于个人与有待解决的问题之间的牵念。

自从遇到 Tempt 家人那一刻起，我便对他们的困境充满了同情。你怎么可能在遇到他们、感受到他们的痛楚之后，还能对他们说不？前进路上，路障不断，我们必须想办法从障碍那里越过，穿过，绕过去。为了让眼神书写器项目得以继续，我们有时得进行彻底的破坏，有时得需要使一些小手段，有时甚至得“爆破”。而激情，正是我们的炸药。

在设计《成功》节目的时候，我们为每一季进行大量有趣的设想，但我们的这些设想并未触及核心动力。我们缺少那股源自个人情感牵绊的激情，而激情正是我们需要去推动项目进行的情感因素。

然后，可以说，在一个永远改变了我们人生非同寻常的一刻，我们意识到应该谦逊的时候就得谦逊。

我们没办法独自完成这个节目。

于是，我们请全世界都来帮忙。

◆

我们的想法很简单：建一个网站，让大家在网站上面写下他们自己无法解决的问题，像 Tempt 一家遇到的那种问题：我的儿子想再拿起画笔，但他全身瘫痪，没办法实现。

随后，我们向全世界求助，寻找那个或那些能改变这个“不”可能的事实的“疯狂之士”。

于是，我们就开始着手建网站。

确实花了一些时间，但到 2011 年春，网站才正式建立并开始运作。我们在投资者之间进行测试，自第一次会议开始，我就知道我们找对点了。一正式启动，我们便马上收到四面八方涌来的各种无法解决的问题，我们也刻不容缓地去寻找让人意外的解决方案。

电视节目这个计划被我们搁置了。

“实现全球各地不可能的事”却一直保留了下来。

我们收到的第一批求助邮件里，有一个叫查克的男人，他是为了他才19岁却自颈部以下全身瘫痪的儿子亚历山大求助。查克在寻找方法让亚历山大通过网络和互联媒体可以继续学业。

亚历山大可以使用眼光标，即通过眼球运动在手提电脑上控制鼠标，类似我们为Tempt开发的装备。但亚历山大在使用鼠标的时候无法观看线上课程，更别提能够参加课程互动。试想一下就会明白，你得靠双眼来做笔记，同时还要看视频，还得听讲。当然是没办法。

然后，我又遇到了詹姆斯·鲍德利，参与眼神书写器的涂鸦研究实验的主脑天才。我们聊了起来，他问：“嗨，米克，我有什么能帮你们的吗？”我说：“这话居然出自你口，你想加入哪个队伍吗？”

就这样，我们切入正题。

查克希望我们能弄个“嘴鼠标”，类似让四肢瘫痪的人通过往管子吹气来推动轮椅的那种装备。市面上能买到的“嘴鼠标”售价都要800美元以上。詹姆斯·鲍德利和一些共事的韩国朋友开始想办法看怎么做出一个跟市面所卖的性能一样好，却只需要极低价钱。

科罗拉多州的点燃快乐公司和Team One广告公司里的一些人接下了这个项目。点燃快乐是一家电子公司，专卖原型机部件，还致力于尽其微薄绵力改革业界，其意愿正与我们不谋而合。他们觉得能帮我们制作一个“呼吸”鼠标，售价只需要30到50美元。

我们把这次项目称作亚历山大鼠标项目。

我们开展的项目都具备了 Tempt 项目里所强调的要素。第一是单一专注。如果我说，我们去消灭疟疾吧，或是说，我们想办法解决美洲的饥荒问题吧，那任务就太庞大了，这会让你迷失方向，像在暴风雪的晚上翻山越岭一样。但如果我说，吉米有疟疾，简没饭吃，你能帮帮他们吗？那问题就被简单化了，不用迷失方向便能高效解决该问题。不过，世上还真有人一心要消灭疟疾和饥荒，愿上帝保佑他们，他们都是比我伟大得多的男男女女。但对我跟我的团体来讲，这种概念——单一专注是问题解决的起点，是关键的要素。因而，我们的座右铭是：助一，助众。

第二是免费共享。亚历山大鼠标也是开源的。因为没有人试图去“拥有”亚历山大鼠标，我们便能找来一大群人贡献想法。我们的项目还真吸引到不少团队来争相效力呢。

第三是那份美丽且无限的天真。一如眼神书写器，我们压根不去管成功的可能性有多大。

最后，我们有那份源自个人情感牵绊的激情。你未曾和亚历山大的爸爸查克聊过，没有感受到要实现亚历山大鼠标项目的那份热切期望。但当一位父亲跟你说，求你了，我儿子全身瘫痪，但他想上大学，你能帮帮我吗——你就别无选择了。现在，试试对着那位父亲大声说出一句“不行”。做不到吧。你会想办法帮那位父亲和他的儿子。

那就是整个项目的中心，一切都是为了亚历山大，一个心中所求很简单却无法如愿的男孩。而参与这个项目的所有人都是被那个简单的欲求所感动。

我们要问自己一句，谁是你的那个亚历山大?

亚历山大鼠标的团队向着目标前进。他们有着不能拒绝的理由。项目还在进行中，但就如我的一位朋友最爱说的那句援自比利·哈乐黛那首经典老歌的歌词："难事，我现在就做；不可能的事，或许会耗一些时间。"我希望比利的精神能引领我们把项目顺利完成。不过，问题还悬在那儿：下一个让我无法袖手旁观的项目又会是什么呢?

谁是我的下一个亚历山大，下一个 Tempt ?

很快我就会知道。

◆

眼神书写器为我打开了多扇大门。突然之间，我能给之前不太可能接我电话的人打通电话了。的确，我的制片公司非常成功，不断地有电话进来给我们活，但这毕竟还是靠自己去给公司做宣传，还得跟数不清的同行竞争数量有限的项目。而现在，突然之间，我竟能在一片新领域中游刃有余，一个与广告、电影、电视等都无关的领域。现在，很多了不起的人主动跟我联系，问起我的项目，还告诉我其他那些在做着不可能的事的人们。

自从展开 Tempt 项目以来，我便把艾柏林集团很大一部分盈利投入到"没有不可能基金会"里。我知道，这么做是有点拿公司和家庭来打赌，但我就跟当年我妈妈去医院当牧师一样：我们所做的让我感到无比快乐，根本停不下来了。

但卡斯凯和我都希望能把“没有不可能基金会”发展到不需要完全依赖艾柏林集团的程度，那样的话，我们就得让有能力做大投资的人也参与进来。当然，我们也懂，新成立的公司会遇到什么样的难题。

更重要的是，我不想受到捐赠企业一时兴起的念头或追逐潮流趋势的心态影响。要想成为“助一，助众”的公司，我们就得自给自足。于是，在之前打下的基础之上，我们成立了“没有不可能实验室”，一个理念一致但以营利为目的的分支。接下来大概一年的时间里，我们身边像火山喷发那样突然出现了很多关注我们的人。没有不可能实验室自身就像一块磁石，吸引着跟我们志同道合、有着同样激情，像我们一样希望能帮助他人的了不起的人们。

被没有不可能实验室吸引来的了不起的人们中，不得不提的是艾略特·科特克。

我和艾略特·科特克是在我们的共同好友威尔·特拉维斯举办的聚餐上认识的。艾略特·科特克有科学和法律的背景，也办着好几本杂志。我认识他时，他正好在做一些生物技术的风险投资，包括“创新投资基金”，即给银行搭桥引线为一些值得投资的科学研究来投资。可以说，他在为了帮助他人寻找资金来源和讲故事这两方面都很在行。

艾略特·科特克对卡斯凯拍的那部 Tempt 的纪录片很了解。因为，卡斯凯之前拍过一部电影短片，叫《致命速递》(*The Package*)，当时还是《电影》(*Moving Pictures*) 杂志主编的艾略特·科特克就这部电影采访过她。《电影》杂志每年都会报道圣丹斯和斯兰丹斯这两个影展。

那时，我还跟英特尔公司谈合作，他们想成为一些值得投资的故事的幕后投资方，希望通过这样的作为为他们的网站弄些有口碑的内容出来。艾略特·科特克就充当制片人和英特尔的中间人，为我们寻找合适的微电影和纪录片制片人。他上班的地方与我们工作的地方就隔条街口的距离，他经常过来找我们聊，给我们出各种主意。我发现，越是跟他相处，我就越欣赏他的敏锐，越喜欢他那些有点蹩脚的一语双关的俏皮话，也就越发觉他注定要成为我们当中的重要的一分子。他在我们这里的地位可是比他自己期待的要高。

那晚卡斯凯带着孩子们到城里玩，艾略特·科特克和我到威尼斯海滩附近阿伯特金尼大道的一家新开的鱼鲜店吃饭。我跟他说："你知道吗，我想找一个有法律背景的人。"然后他给我列了一连串推荐人名单。接着，我说："你知道吗，我想找一个有法律背景之余还有医学背景的人。"他又给了我一串推荐人名单。我再跟他说："你知道吗，我想找一个除了有法律背景和医学背景之外，最好还办过几本杂志的人……"他终于知道我想说什么了，放声大笑。

"听好了，"我说，"我给你开条件，我把条件写到餐巾纸上。"

我把餐巾纸从桌上推了过去给他。那当然是空白的。因为，我没有钱去请任何人。我也只能出得起那样的条件了。

结果，那竟是他无法拒绝的条件。

"怎么样？"我问，"你想和我一起去闯吗？"

他说："当然。"

我说："很好。"

然后，他吃他的鱼，我切我的牛排，就这样打开了"没有不可能"的新篇章。

找到对的人有多开心、多重要，这是言语无法表达的。我有热情、有动力去推动"没有不可能"继续，但要让它往下一个阶段发展的话，我需要一个艾略特·科特克。尽管我完全没给他工钱，但他却越来越经常来我们办公室——同时，还在继续做其他有收入的工作——甚至都没跟我说一声就请了我们的第一个员工（当时我还在放假），把他的朋友们带过来，把我们的徽标和整体形象都重新设计了一番。我们继续围绕着"没有不可能"的核心理念前进。

在创立网站让大家都来写他们不可能解决的问题后，我们觉得网站还得让大家知道世界各地的人都在做着什么了不起的事——世界上其他"没有不可能"项目。我们在网站上公开那些了不起的人做的"没有不可能"的事已经有一段时间了。其中，在第一批故事中，就有理查德·凡·艾斯的故事，那还是最让我们意外的故事之一。他是一名木匠，在使用圆锯时发生意外，没了 4 根手指头。不过，他的黑色幽默感比我们见过的任何一个人都要强。"发生意外后，真的很痛，但又不能吃止痛药，痛得简直没法入睡。但痛得越厉害，我脑子就转得越快，想法就越多，"他说，"有时候，人真的是得把手指剁掉才能开始动脑筋啊。"而他开始动的脑筋，就是怎么弄一只市面上售价要 1 万美元的机械手。用不到 500 美元弄了一只机械手给自己后，他又开始给其他截肢者做手。他把自家做出来的那款机械手取名为 Robohand[①]。

我们还听说了尼古拉斯·尼葛洛庞帝的故事。他是麻省理工学院媒体实验室的创办人，也是《连线》杂志的第一位投资者。尼古拉斯·尼葛洛庞帝开展了一项让人称赞的善举，叫“一童一电脑”（One Laptop Per Child，简称 OLPC），让发展中国家的儿童也能用电脑上网学习。2007 年 11 月，他启动“买一，赠一”项目，如果你为你的孩子买一台电脑，“一童一电脑”就会为发展中国家的儿童赠送一台电脑。这种想法真让人为之惊叹。我的制片公司还为“一童一电脑”做了个商业广告，所以我对他们的运作也多少有些了解。

尼古拉斯·尼葛洛庞帝最初的座右铭是“世界由原子蜕变为比特[②]”。换句话来说，就是把我们在现实世界中做的那一套搬到虚拟世界里去。新创客运动的座右铭正好与创客运动的理念相反。创客运动是要把过去 10 年里我们在虚拟世界里做的搬到现实世界里去，把黑客在虚拟世界做的带到真实世界里来：破坏，翻转，以新的方式来操作。

尼古拉斯·尼葛洛庞帝就是那种喜欢帮人联系上其他人的人，就像我一样，而他给我介绍了一个叫马特·弗莱克森的人。马特曾经是“一童一电脑”的一分子，当时在美国高效能源汽

① Robohand：“Robo–”取英文单词“robot”的谐音，意为机器人或自动器械，“hand”意为手，此装置名称即“机械手”之意。——译者注

② 比特：即“位”，来自英语单词“bit”。“位”是电子计算机中最小的数据单位。位的状态是 0 或 1。——译者注

车工作，那又是一个了不起的团队。这个团队给自己设下有可能从人道主义方面给社会带来改变的目标（生活科学、可持续能源发展等方面的目标），然后拿出一大笔钱作为奖金，奖励第一个达成目标的人。与其说他们的钱是对伟大成就的奖励，倒不如说是一种激励他人成就伟大的动力。这是很高明的做法。无独有偶，他们其中的一句标语正是“让不可能成为可能”。

马特服务人民的热情空前高涨。热情到什么程度呢？因为想当基督会牧师，他还想过进修道院。但当他知道轮不到他来担当神职后，他就改变方向加入耶稣会会士的志愿组织，继续当一个“为人民服务的人”（耶稣会士的基本道德观）。他对造成大量流浪人士无家可归的根源很介意，这份心意把他带到华盛顿议员戴尔·邦珀斯身边工作。他的那份热情把他引导到亚利桑那州，为移民农场工就住房问题进行抗争。而一旦他意识到真正的问题其实源于政圈的腐蚀效应，他又重新回到华盛顿，跟参议员约翰·麦凯恩的办公室就竞选资金问题紧密合作多年。之后，他又加入联合国的世界粮食计划署，游说全球各国政府对贫困地区的学龄儿童伸出援手。

马特让我印象最深刻的是他会对自己希望改变的事一直刨根问底，不追查到问题根源绝不放弃。

他真的是一个为人民服务的人。

在我办公室所在街区的一家餐厅里，我跟马特见面。吃饭时他跟我说，他在参与美国高效能源汽车的全球扫盲活动。他还让我了解了另一个无私的人：汤姆·卡丹纳医生，独自一人在苏丹的偏僻山区的一家医院里，奋力拯救内战中受伤的人们。

“很多伤者都是孩子，他们的手都没了。”马特说。

听完，好像有什么东西在敲打着我的心扉。我脑海里瞬间闪过理查德·凡·艾斯和他的机械手，就凭着信念迈开第一步的感觉，话从我嘴里冒出来：“那，我们就给他们做手去吧。”

马特有那么一阵子沉默了。我也沉默了。

“你说，我们给他们做手去，是什么意思？”马特最后打破沉默问道。

“我们就去做呀。”那时，我也不知道那句“我们就去做呀”日后竟会成为我们公司的另一句格言。

马特突然懂了。我解释说，我们可以用3D打印机去做理查德·凡·艾斯做的那种机械手，可以把打印机带到苏丹去。除此之外，我们还得在现场给他们做假肢，这其中的困难是很难想象的。

“准备这种事要多久？”马特有一些犹豫地问道。

“如果你能帮我办好签证，我下周三就可以起程。本来早些动身也可以，但孩子们这个周末有球赛。”我这么说似乎有些轻率。

不过，事情就这么开始了。

各自又点了一杯酒，我开始各种构思该怎么采取实际行动。但到饭吃完了，话聊完了，我感觉马特依然觉得我只是在吹牛。于是，我跟他说：“别质疑我做这些事的决心。一旦你说去做吧，我就真的做了。”而且是全心全意地去做。

那晚晚饭过后，我回到家，所有人都睡了。屋子里静悄悄的，但我却依然精神百倍。一般回家晚了，我都会在屋子里转一圈，把灯关上，倒杯水，就上楼睡觉去。但那晚，我坐在黑漆漆的厨房里，打开电脑，在谷歌里搜索卡丹纳医生。我把他名字拼错了好几次，最后才看到搜索结果里出来一条，是亚历克斯·佩里给《时代周刊》写的一篇文章，日期是 2012 年 4 月 25 日，标题是“被遗忘的美国医生独自一人在苏丹努巴山区拯救生命”。这正是我要找的。

文章写于圣母医院，医院坐落于苏丹南部努巴山区的叛军控制区。医院里一个 14 岁名叫丹尼尔·奥玛尔的男孩诉说着自己的经历：在 3 月一个明媚的早晨，政府军投下的一枚炸弹把他的双手炸掉了。

“我在达尔，正在放牛。”文章用文字复述丹尼尔的话，“我听到轰炸机的声音，于是马上趴下。紧接着我就听到上空有炸弹投下的声音，而且还朝着我这边来。所以，我赶紧跳起来躲到身边的一棵树后，用两手紧紧地抱着那棵树。”那棵树救了丹尼尔一命，但炸弹爆炸却把他的两只手臂炸没了。

“我看到全都是血，”丹尼尔说，“但我的手却不见了。我甚至难过得都哭不出来，站起身，开始走，可没走几步就倒下了。一个士兵过来，把我抱起来放到树荫下，他找来一辆车。然后，他们就帮我洗伤口，包扎伤口，最后把我送到这里来。”

文章接下来就开始讲述卡丹纳医生的事迹：在负责这片地区的上级都撤离并要求他也撤离的时候，他如何拒绝离开，如何留守当地继续为像丹尼尔一样的孩子们提供医疗照顾的伟大事迹。我脑海里唯一能想到的就是作为一位父亲，要是这种事发生在我孩子的身上，我会怎么做？

我坐在厨房的餐桌旁，顺着走廊能看到孩子们睡觉的房间。我起身，走到他们的房间门前，往里面看去，心里想：要是丹尼尔是我的儿子呢？

那一刻，感觉他就是我的儿子。

因为，现在我的想法，有了一个单一的专注点。我阻止不了苏丹的战乱，我也无法制止当地的流血冲突和杀戮，无法保护无辜者不再受到伤害。但至少我可以帮助一个男孩。我可以帮助丹尼尔。

◆

马特后来又和我谈过。接下来的几天，我们谈了好几次，好像雪球在短时间内越滚越大。

这股劲就跟当初决定帮助 Tempt 的时候一样，先承诺下来，再想办法解决。

我与理查德·凡·艾斯联系上，跟他说出我的计划。他的心地真的很好，不过我得稍加说明，他是那种初相识会让人觉得他是个脾气暴躁的人，但在暴躁的外表下，是一颗有责任的善心，他承诺会尽己所能来帮忙。

几天后，我在开车前往圣塔克利塔市的路上电池车没电了，不得不在车子充电时找了间咖啡店坐下。这样也挺不错的，在不知什么地方的地方拿着电脑坐上几个小时把提案写完。我们爱把这种提案称为“甲板[①]”，其实就是弄个 PowerPoint（一种办公软件）向

---

① 甲板：美国人称提案为“deck”，原意为“甲板”，作为广告业内行语，是指用 PPT 进行展示时的页面。——译者注

投资者解释我们的钱会怎么花。

一个星期后我和一位当时在英特尔担任创意总监的朋友碰面。她对我的想法也是满腔的热忱，马上就把我的计划上呈给她的上司，她的上司也马上点头应允：不但给我们提供电脑和支持，还承担我们的路费。

这个开头也不算坏。

在同一周内，这个项目的另一个关键人物奥利弗·劳布舍尔也出现了。

第一次跟奥利（奥利弗的昵称）见面就已经非同寻常了。他是隶属于全球最大规模的广播传播集团 WPP[①] 旗下的群邑的商业发展负责人。介绍我们认识的中间人是我们都认识的保罗·拉沃伊，我的一位朋友兼同事。当时，我本来是就“没有不可能”的电视节目跟奥利见面的，但他却打了下岔。他说：“我不喜欢中途打岔，但我想告诉你，我已经关注你有一段时间了。Tempt 和眼神书写器的事我都知道。而且，我自己也在动手做一台眼神书写器。”到那一刻为止，除了认识的人，我还真没碰到过一个自己制作眼神书写器的人，那让我们马上就熟悉起来。尽管最后群邑没有跟我们的电视节目落实任何合作关系，但奥利却和我保持着联系。后来我开始构思怎么为丹尼尔做手臂，奥利和他的上司彼得（又一个热心肠的大好人）也跟我们不断讨论，看怎么加深与“没有不可能”项目的关系。

当时，我不知道奥利其实还有另一重身份，那就是负责家族生

---

① WPP：世界上最大的传播集团，总部位于英国伦敦。

意 Precipart[①] 的销售部门。Precipart 公司的办公室分布全球，在瑞士、英国、印度还有美国都有设施。Precipart 向超过 30 个国家的航空业客户出售精密器械的组件，包括齿轮、运动控制系统设备等，同时还专于生产医疗设备，正完美地符合我们这次项目所需。这家公司正是那种你或许一辈子都不知道它存在，但却能对你日常生活产生极大影响的大型跨国企业。或许，下一次你坐着波音 747 客机安全着陆，或许正是 Precipart 生产的一些复杂又精密的零件的功劳呢。

◆

那时是 9 月份，虽然英特尔提供支持，但你总不会把一切孤注一掷地寄托于此。于是，我开始广泛撒网，为丹尼尔项目寻找更多赞助方。我才在群邑位于圣莫尼卡的办公室开完会（与彼得面对面，奥利则是音频连线），回程路上，电话响了。我把车靠边停了下来，接起电话。是奥利打来的。会议才结束不到半小时，我还以为他还有什么想补充的。

“嗨，伙计，能跟你谈谈吗？”他说，“我不是作为群邑的一分子找你的。我是代表 Precipart 来找你的，那是我的家族企业。”

幸好我把车靠边停下来了，否则听到他跟我说的这些我肯定会激动得出车祸的。他说，公司刚结束了年度休假，期间他一家子坐下来看了我在 TED 论坛上就眼神书写器进行的演讲，然后他们都

① Precipart：Precipart 集团专门制造适用于各种生产工具和机械设备的精密部件。其名字取自英文单词“精密”的词根和英文单词“部件”组合而成。——译者注

说："米克在做的事，我们得帮忙。"还有什么样的帮忙能好得过成为丹尼尔项目的赞助方呢！

此刻我的心情不是兴奋二字可以形容的，还有什么样的合作伙伴比得上一家本身就是精密器械的跨国企业呢！我告诉他我有多高兴，有多荣幸，关于他们参与合作的细节和正式加入的时间会进一步落实。

应该提醒大家一下，到那一刻为止，我对于该怎么用 3D 打印机来给丹尼尔制作双臂，还是一无所知。但总不能纠结于一点细节而止步不前吧。

后勤、机械、宣传，各方面都有人过来帮忙。在罗德岛和堪萨斯城分别有制作理查德的机械手部件的公司和将部件运送至威尼斯海滩给我们的公司，都属于后援支持。那样一来，就算我们抵达目的地后 3D 打印机出现故障，我们也有备用零件好制作假肢。我们的首选安排是"在当地"完成一切生产制作，但我们也希望能有后援计划，以防万一。英特尔坐镇，给我们提供手提电脑等，Precipart 团队也安排好在我出发前往非洲的三周前跟我会面。

还有一个很棒的人——布鲁克·德拉姆，他是 3D 打印机公司打印机器的创始人。

那时，我依然对 3D 打印一无所知。我们到处给 3D 打印公司打电话，却屡遭拒绝，没有人愿意和我们合作。

那真的让我非常吃惊，我本以为这绝对会是 3D 打印公司争先恐后要和我们合作的项目呢。

每一家 3D 打印公司都愿意卖打印机给我们，这是当然的，但我们在找的是一个热情超越了做生意欲望的人。莱恩是我们办公室的一位暑期实习生，给打印机器公司打电话是他提出的建议。打印机器公司是一家新成立的公司，通过Kickstarter[①]获得创业资金，卖的是DIY模式的3D打印机组件。我们给布鲁克发邮件，看他有没有兴趣加入我们。他给我们的回复，正是我们满心期待的。他说，他刚看完我在TED的演讲（我在那次演讲说过："若非此时，更待何时？舍我，其谁？"），他在邮件里就跟我说："我给你的回答只有三个字：此时。我。"

《国家地理杂志》(*National Geographic*)那时也正好准备做一期关于3D打印的报道。他们经由我朋友道恩·罗德尼了解了我们的项目后，给我打来了电话，说他们想报道我们所做的事。我对打来电话的那人说，跟我们合作的任何一家媒体，都得帮我们宣传——鼓励人们做不可能的事，我们想不分经济状况、语言、种族、肤色地向所有人宣扬这个信念。然后对方这么说："那，你觉得用30种语言向30个国家宣扬这个信念怎么样？那正是《国家地理杂志》的能力所在。"

于是，又一位合作伙伴就这么敲定了。

◆

如果美好的意愿皆是前进之路的铺砖，那我就该意识到，我们

---

① Kickstarter：2009年4月在美国纽约成立，是一个专为具有创意方案的企业筹资的众筹网站平台。——译者注

当时走的就是一条通向地狱去的路。因为所有人的意图都不能再好了。而且，一切的发展又都畅通无阻。

直到阻碍终于出现。

直到我收到英特尔联系人的邮件，里面说："我们得谈谈。"

再过几个星期我们就得起程到地球另一端去开展项目了，这时负责给你钱的那个人才说"我们得谈谈"，感觉真的非常不妙。

毫无意外地，她跟我说，她真的感到万分抱歉，但预算被取消了。我们谈了好久，但对方终归还是四个字：我们退出。

那种感觉就像被放逐到无人的孤岛上一样。Precipart 说有意帮忙，但远没到给我们开支票提供资金的程度。而现在英特尔却要退出。我不知道我是否该逐一地给所有人打电话，告诉他们丹尼尔项目遭遇搁浅危机，给兴致高昂的所有人倒头浇一桶冰水，还是该闭口不提这次的重大挫折，让所有人继续为了一个完全没有资金支持的项目忙里忙外，但这实在不公平。

我花了 24 小时当我的悲情男主角，无法决定该怎么做，感觉深受打击。但从过往经历里，我学到的其中一点就是凡事皆有两面，既然有积极的一面，那必定也会有消极的一面。面对挫折、低谷、黑暗的一面，你看不到全局，看不到希望的光芒，只知道事情被彻底搞砸了。

所以，处在黑暗低谷时，该如何开启"没有不可能"的思维呢？如果相信"没有不可能"意味着不放弃，那你要怎么做才能不放弃呢？

对我来讲，其实真的很简单。费时间去郁郁寡欢真的太无聊了。好比拼图拼到一半，看着一半拼好了，而另一半的拼图块还乱七八糟地散落一地，看着就让人心烦，心情都变差了。如果你够自私，对无聊有那么一点容忍度，那就真的只有唯一一个选择了。

把手里的那块拼图放下，换另一块看看放到哪儿合适。

离我出发只剩三个星期了。Precipart 跟我约好了，让我过去跟他们谈谈丹尼尔项目的细节，但在那种状况下，那次会面比我之前预想的还要迫切。我得把对话的方向调整一下，把“很高兴你们能参与”，调整为“伙计们，我们‘现在’必须这么做”。要说服人的时候，关键是要找到迫切的希望和彻底的绝望之间存在的微妙空间。我觉得我找到了，但我的游说却并不成功。他们跟我说，他们愿意加入我们，也想帮忙，他们答应一定会参与的，但正好年尾了，在整理预算的时期不能调动那么大笔资金，过些时间就没问题，但不是马上。

他们的热情跟承诺都还在，只不过支票簿还得在他们口袋里多待三个月，而再等三个月，对丹尼尔项目来说，却太迟了。

然而那个最终救我于水深火热之中的人，竟是我最意想不到的人：Precipart 的董事长。劳埃德·米勒是个非常严谨的一丝不苟的人，其他人说话的时候他就静静地听着。看得出来，他绝对是按规章制度办事的人。经营着一家精密仪器零件公司，任谁也能理解他的一丝不苟和按规章制度办事的风格。所以，我完全无法想象，为项目挺身而出的人居然会是他。

事实证明，你能错得有多离谱。

第二天我跟奥利碰面时，他跟我说了一个天大的好消息：我离开后，劳埃德·米勒跟在座的所有人说，抱歉，但我们必须这么做。而且他还表示，愿意放弃自己的圣诞奖金来推动项目发展。正因为那样，现在我们的项目又能畅行无阻了。

我开心得要上天了。

我从这次经历学到的应该是，有时候让你对他人产生偏见的其实是你自己的偏执，你往往以为别人都是跟你作对的。我真心相信人性本善，如果我们看不到他人的善意，我们很可能就是对他们产生误解了，而我就跟其他人一样，会对他人产生误解。

我对劳埃德·米勒有误解，太早对他下定论。我们这些做生意的都会自我警醒，不到签字的墨水干了，支票紧紧拿在手里的那一刻，生意也还不算谈成。但这种危机心态也有不好之处，那就是不管遇到任何状况你心里总做好最坏的打算，这有可能成为一种自我强行灌输的消极预感。如果你跟我一样，踏入会议室的时候就跟自己说，这些人是工程师，是一丝不苟的人，是不会去冒险的，那你就很容易随着他们按照你的消极期待去发展。遇到 Precipart，跟大家相处，让我知道只要我能让在座的所有人按照我想的去想，他们则很可能向我希望他们走的正面积极的方向走去。

那天之后，每当我看着其他人心里想“噢，他们永远都不可能被我说服的”，我就会提醒自己：“猴子不分好坏，只是猴子而已。”跟自己说有些事情是不可能发生的，这是确保它不会发生的好办法。记住了，人总能让你意外，只要你给他们一个机会，他们就能给你惊喜，给你向前走的动力，甚至帮你移山。劳埃德·米勒不就刚帮我移了一座大山了吗！

在出发去纽约跟 Precipart 开会的前一天，我给威尔·麦金尼斯打了通电话，他是和英特尔合作的广告公司麦迪逊邦的执行创意总监。威尔·麦金尼斯早就是我在广告和制片业里的老朋友了，所以我对他是有话直说的。我跟他说，英特尔犯了个大错，这绝对会是个震撼人心的故事。英特尔出的钱简直没法跟他们能得到的故事相比。这一次，我不再小心翼翼地寻找迫切希望与彻底绝望之间的那一丝微妙缝隙，而是直抒胸臆、火力全开地跟对方说："你得改变决定！"

你知道吗？他真的改变决定了。

周五和 Precipart 开完会回来，第二天，英特尔的联系人就给我来了电话。我就知道，他们要是周六给我电话，肯定是大事。我猜对了。不管怎样，他们的预算又回来了，不管怎样，他们又回来了！而且还是兴师动众地回来：给我们钱，给我们电脑，还给我们承诺，对项目力撑到底。

其实之后我就知道，给这种不可能的项目筹款，过程起起伏伏就像坐过山车一样不寻常。但在当时，我感觉就像刚得过抑郁症一样，不过是从好的那方面来说的，最低谷过后，现在终于有起色了。

Precipart 让我们的项目有了可能，英特尔又回来了，努巴山区当地的教区同意配合我们行动，而最重要的是我们又回到正轨上了！

我们要去苏丹。我们要去找丹尼尔。

第十章
若非此时，更待何时？

那么，我们抵达目的地后到底会遇到什么呢?

事情进展到一半，理查德·凡·艾斯给我们灌输大量当地实际情况的信息。我得说，现实真的让人很难接受。

他毫不含糊地跟我们说，到战区里去比我们想象的要危险太多了。他告诉我们，只要一踏上苏丹的土地，我们就可能成为攻击目标，没准会遭叛军绑架，也可能目击最难以想象的恐怖场景。

他的邮件把我吓了个半死，我没法装得勇敢无畏，没法装得我并没有犹豫。我当然没让妻子或是跟我很亲近的人看到这封邮件。卡斯凯应该也是在这里才第一次知道这封邮件的内容。

但不管怎样，我们的计划继续进行，也让我们克服了各种怀疑。我知道，我是在拿自己和团队成员的性命去冒险。但我也知道，那个我们一心想要帮助的孩子还只是个孩子，跟我的孩子一样，他身边没有任何人能帮他，而他的一辈子，就等着看有谁会愿意冒险来帮助他了。

我耳边和内心又咒语一般地响起这两句话：若非此时，更待何时？舍我，其谁?

◆

于是我们决定继续进行计划。我们订了机票，让所有一起去苏丹的人都到洛杉矶来，住我家里，开大会，就像我们制作眼神书写器的那个周末一样。让所有人都聚到同一屋檐下讨论项目细节，有种说不尽的令人激动的感觉。这么做不是为了让我自我感觉良好，从任何方面来讲这么做都不是为了我自己，只是为了让该做的事情都能做好。卡斯凯、孩子们和我搬到一个房间里，挪出尽可能大的空间让所有过来的人有地方可睡。

制片业里大家都这么说，花多少钱不是关键，关键的是屏幕上呈现出来的效果。这套道理在我们这里也适用，只不过再放大数十倍。不但是你手头上的每一分钱，还有你的每一丝能量、每一份创意和身体的每一分力气，都是为了把项目往终点线推过去。如果你能用这种态度在你的团队里引起共鸣，那就没什么是不可能的了。而这，正是一切的关键。

于是我又打开炉子来煮意大利面，摊开满满一桌子的啤酒、薯条，把音乐声开得大大的，用摄影机摄录全过程。成员们话匣子一旦打开就停不下来了，语速不是一般人能跟得上的。

打印机器公司的创始人布鲁克·德拉姆也来了。还有大卫·普奇诺，我们团队的另一位关键人物。我到纽约游说 Precipart 时顺便跟他见了个面，就在我们这个黑客周末聚会之前没几天。大卫是一个土生土长的澳大利亚人，也是一个世界级的天才脑科学专家，当时和我们合作着另一个项目。点了杯咖啡后，我跟他说了丹尼尔项目的进展，他说："你知道吗？你们会需要一位理疗师的。"

他一语惊醒梦中人。我太专注于"创客"的那一部分——制作假肢，而彻底忽略了人体生理方面也是得考虑的问题，使用者得在生理上做好使用假肢的准备，强化相关肌群的肌力，保护肉体和机器衔接处的肌肉，处理衔接处的疼痛。

我问大卫是否有好的理疗师推荐。他说："正好，我呀。"原来他在成为一名天才脑科学专家之前还学过理疗——有的人就是会给你带来惊喜——然后我问他："大卫，我现在就要去机场了。干脆我也给你买张机票，你直接跟我走吧？"

他说："为什么不呢？"

就那样，就在一家咖啡店里，我直接用手机给他买了张机票，便一起上路了。

理查德·凡·艾斯知道我们没有放弃后，也飞过来了，助我们一臂之力（看上去，真的是名副其实的"一臂"之力）。还有麻省理工学院的丹·古德堡和其他领域的黑客、创客、天才和狂热分子。

准备就绪，开始制作假肢。

蒂姆·弗莱西亚为我们安排好在苏丹的一切。他是一个能把一切搞定的人，而且是这次项目启动的关键一环。蒂姆就是那种浑身刺青，穿着皮外衣到处去的战地记者。像这样的行程，你绝对想有一个他那样的人陪着你。因为他哪儿都去过，什么都经历过，什么都做过，能从容对待一切，是你关键时刻所需要的人。而且他还会跟你分享他经历过的各种惊心动魄的事。技术上，他是一名摄影师，实际上也相当于镇守在第一线的人。他做的一件最重要的事，就是给我们介绍了一个朋友。我叫这朋友“说话慢吞吞的英国人彼得”。彼得·莫钦斯基成了我们的问题解决者，为我们安排好一切。彼得走路拄着根拐杖，有一点跛，但似乎从不会踩错脚。他办事巨细靡遗，对一切都分外留神。换句话说，是跟我彻底相反的类型，他会按部就班地给我们组织后勤工作。

我们还有安德里安·贝里克给我们拍录全过程。他可是被提名奥斯卡最佳导演大奖的。我觉得找摄影团队来帮忙拍录全过程是非常重要的，因为告诉全世界这样的事并非不可能是我们此次项目的核心和旨意。没有比安德里安更合适的人选了。

安德里安此前曾执导过纪录片《远方的召唤》（*Beyond the Call*）。该片记录了三位游走全球的中年退役军人向在战火纷飞的冲突前线和后方治病救人的医生们提供人道援助的事迹。他似乎就是为丹尼尔项目而设的最佳人选。要说明他是个什么样的人，这里要跟你讲一段小插曲：我们给他打电话跟他说起丹尼尔项目。他马上就说：“行，我跟你到苏丹去，没错，我会冒着生命危险帮你向世界转达这个故事，是的，我加入。”然后过了三天，他才问我：“噢，顺带问一句，有预算吗？就是……有钱给我吗？”他就是那样的人。一切就这样展开了。大家答应帮忙，因为他们内心说着他们要去帮忙。我们当然有给安德里安算钱，但显然，不管我们有没有钱给他，他也会来。

大伙全员集合的第一晚，大家都忙着研究怎么操作3D打印机，要运多少螺丝、铁线等零件去苏丹，我们应该怎样在理查德的机械手上进行调度，每趟飞机能托运多少公斤器材。还好这些我不在行的细节问题都有人帮我解决了。这时，我把安德里安拉到一旁，第一次吐露我试图压制的那份强烈不安。

“跟我谈一下，”我问他，“你会担心我们这次抵达目的地之后的安全问题吗？”

他却放声大笑。

他告诉我在拍摄《远方的召唤》时，有多少次与那三位到世界各地去当现代骑士拯救世界，却置自身安危不顾的疯狂退役军人身陷险境。他一口气数出他们去过的地方：阿富汗、卢旺达、缅甸、阿尔巴尼亚、车臣、柬埔寨。

突然间我觉得自己根本就是一个菜鸟。但没关系，该怎么做，现在变得清晰了。

在丹尼尔项目的创客周末，制作出的早期机械手模型。

想要拯救世界？

你得先从家里走出去。

一切都很顺利。身边都是天才，这让我觉得，还能出什么错呢？结果，一切都可能发生。

那个周末我们没能成功做出一个假肢，虽然我们尽力了。我的朋友汤姆·邓拉普帮我联系上国内一位知名的假肢人士莎拉·赫伦。莎拉天生就缺了一只手臂，却依然出落成一位靓丽又自信的年轻女性，还上了电视节目《单身汉》(*The Bachelor*)。她同意过来当我们的假肢测试者。

一个金发美女突然进来，着实让那群浑身汗臭、粗声粗气、睡了两天地板的鲁莽汉吓了一大跳，但惊吓过后，所有人便继续进入工作状态了。结果，一团糟，不用细说了。尽管莎拉很友善，但从一开始，我们这边的进展就不顺利。我们尝试给聚氯乙烯塑料管加热，然后接到她手臂上。可这行不通。3D 打印机又运转得不顺畅，不断出现打印误差。更糟的是，她缺少的是左手，而我们只能打印出右手。

不过要做成不可能的事，就得经历这些挫折。你不能把这些挫折看作是失败，而该把它们视为教训和经验；你得想，幸好是现在出错，不是到了非洲那边才出现问题。

结果，所有人提出的各种版本的假肢都碰到各种各样的问题，最终以失败告终。除了理查德，没有人有制作假肢的经验，所以到了最后，还得按照理查德那一套来。那样就行了。

可是理查德却因为我们而感到大受挫折，走了。他觉得我们行动无法一致，于是独自提前返回南非。

但他没有不管我们太久。毕竟上了车，就很难中途跳车了。

◆

尽管这趟行程的资金到位了，可接下来的几个星期，却陆续有成员退出。

最初的团队构成是我作为领队，带上两名技术人员和一支小规模的拍摄团队。拍摄组没问题，但技术人员却拖了后腿。其中一位我们安排负责协助3D打印的技术人员一直以来都满腔热情，不停嚷着："我要去！我要去！我要去！"结果临出发前一个星期他却打电话来跟我说："我退出。"

"退出？"我不可思议地问，"你的'退出'是什么意思？"

"我看了不少资料，"他说，"那里真的太危险了。我女朋友说如果我去的话，就跟我分手。"

另一名技术人员也跟我说，他没法跟我们同行了，尽管他真的很渴望去，但实在没办法。所以，我没有技术人员了。除了我，没别的人了。而我几乎都没用过3D打印机。我心里在想，自己不可能做得来的。

真的做不来吗？

炸弹爆炸，环顾四周，一片废墟，只剩下你孤身一人独立其中。我们都会在某些时候经历过这种灾难性的打击：所做的一切顷刻间化为乌有。这时你就得做决定了，是躺在废墟里虚耗光阴，听天由命，还是迈开脚走。很不容易。几乎可以说是经历悲痛的五个阶段：否认、愤怒、协商、绝望、接受。但正是这种时刻，决定着你是怎样的一个人。

然后我想到了：我需要找一个无畏无惧、不去深究为什么这事行不通、不废一句话就跳上飞机、活得放纵自由的人。我该上哪儿找这样一个蠢得可以的笨蛋呢？

答案不就在这了吗：若非此时，更待何时？舍我，其谁？

我在凤凰城耶稣高中念布罗菲大学预科时，一位古怪的叫贝克尔神父的英语老师，老是跟我们强调“时态的力量”。于是，决心一定，我便学着神父那样，用过去时[①]来说话。我在说“在决定做这事的时候”“起程的时候”，用的都是过去时，像事情已经发生过了一样。这样说话能对其他人的心理产生一定影响，让大家都觉得事情似乎真的已经发生。

不过从某方面来讲，还真奏效。一旦我接受了这种想法的真实性（我不需要依靠其他技术人员，我就是团队里唯一一个技术人员），感觉就像全宇宙都认同我的想法似的，事情都顺着新的事态重新调整，步入正轨。

让人喜出望外的是，理查德·凡·艾斯，那个机械手专家，从约翰内斯堡给我打电话。别忘了，这个理查德·凡·艾斯就是那个世界上最暴躁的人，那个骂我都没想仔细就去苏丹的人，那个说我肯定来不及在出发前做好准备的人，也是在那个周末因为觉得我们一

---

① 过去时：英语时态分 16 种，不同时态表达事情发生的不同时间和不同状态。过去发生的事情与现在正在发生的事情时间状态不一样。在英语当中动词需要发生相应的形变。——译者注

伙人行动不一致而一气之下提前离开的人。

当我告诉他，现在去苏丹的技术人员就剩我一个的时候，他说："要不然这样吧，你去苏丹之前先到约翰内斯堡来一趟，来我这儿，我教你怎么做。"

我激动得几乎都拿不稳电话了。

那样的话，我就有 5 天甚至 6 天的时间学着怎么成为打印和安接假肢的专家了。那能有多难?

其余拼图块也开始神奇地各就各位了。虽然这次项目因丹尼尔而起——在帮助千千万万的人之前，你得先帮得了一个人——但我们有可能找不到他。甚至他是死是活也是个未知数。苏丹政局混乱，无法保证我们能在成千上万的难民中找到我们想找的那个人。可不管最终能否找到丹尼尔，我们都下定决心要把行动进行到底。没想到那天晚上跟卡丹纳医生通过 Skype 通话，他居然告诉我们，在一个叫伊达的难民营里，从 6.5 万名难民中，找到了丹尼尔！那个难民营被联合国称为"世界上挑战性最大的难民营"。

苏丹，撒哈拉沙漠以南的非洲地区东北部的一个国家，政治环境非常复杂。归根结底，是因为内战。自前军方上校奥玛尔·巴希尔于 1989 年发动军事政变夺取国家政权，政局每况愈下。苏丹政府军和与巴希尔联手的牧民武装部队以巴希尔之名展开的大屠杀，没多久就遭到国际社会的强烈谴责。

巴希尔往达尔富尔地区派遣了在他手下最凶残的屠杀部队，光是在那里，就有超过 50 万人丧命，联合国称之为"世界上最严重的人道主义灾难”。

没错，达尔富尔地区的恐怖是巴希尔一手造成的。没错，我就是要到巴希尔的土地上去。

巴希尔手下的政府军和反巴希尔血腥统治的武装部队之间持续爆发冲突，双方未能在 20 世纪中期达成和平协议，也最终导致了南苏丹国家的诞生。从某方面上讲，暴力冲突反而加剧了，但主要冲突区转移到两国交界的努巴山区地带，严格讲，那里是苏丹的领土，但被反政府武装所控制。反政府武装的主要组织便是南苏丹的苏丹人民解放军（SPLA）组织成立的一个分支，叫苏丹人民解放军（北方局），他们控制着努巴山区。

那年夏天，在我们起程前往非洲之前，有大量关于当地暴行的报告。巴希尔开始对多个冲突区实施轰炸，其中以努巴山区为主，轰炸频率惊人。

我们的计划是先到新成立的南苏丹去，然后晚上在苏丹人民解放军（北方局）的协助下非法越境进入苏丹。不管怎样，苏丹人民解放军（北方局）同意提供协助（感谢说话慢吞吞的英国人彼德），此外还有一个匿名非政府组织以及支持卡丹纳医生人道援助的教区也答应提供帮助。虽然这完全没法缓解我们害怕担忧的心情。

那是 10 月上旬，按照原定计划，我们该起程了，不过我们将起程日期延后到 11 月。我还考虑着把起程时间再往后延至 12 月，那样我就有更充足的时间筹集更多资金，做更充分的准备。但彼得打来电话说：你不懂，我从没见过在非洲能有什么事可以安排得这么好，这么有条有理。但没什么是持久不变的，事情在这一刻行得通，不代表下一刻还行得通。

换句话说，赶紧从家里滚出来。于是我们就选了个日子，收拾好行囊，踏向未知的未来，去做不可能的事去了。

第十一章

助一，助众

在前往约翰内斯堡的飞机上，乱流把我从夜半睡梦中惊醒。尽管一直在想丹尼尔的事也没法睡安稳。感觉像要去见一个虚构的人物一样。我忍不住好奇：他的家人还活着吗？他现在跟谁在一起生活？他会是什么态度？他是个积极的人吗？但见过还经历过那么恐怖的事，就算态度不积极、不正面，也是正常的，毕竟也没有对生活充满希望的理由。是这样吗？对于这个剃着个大光头、身高近两米、突然走进他世界的白种人，他会怎么看？他会愿意尝试这种新发明吗？ 3D 打印出来的假肢能行吗？还是会像当初给莎拉进行测试那样以失败告终？

我没有亲自跟丹尼尔谈过话。自卡丹纳医生找到丹尼尔已经过去两星期了，希望我们抵达后还能找到他。我很焦虑，也很紧张。我感觉自己就像邮购新娘，正被运送到地球的另一端，去见要与我相伴一辈子的那个人。命运似乎冥冥中自有安排：曾有一篇文章介绍过丹尼尔的事，我正好读到那篇文章，又正好遇到认识他的主治医生。不管你是哪个教派的信徒，或者你根本不信教，总之，这一切不会让你觉得纯属偶然。起码大半夜里在飞往约翰内斯堡途中感受乱流颠簸的时候，你不会觉得那是偶然。

乱流很强烈。玻璃杯被甩飞，食物撒得到处都是，乘客吓得不断在倒吸凉气，高声尖叫。但空姐们倒是很镇定，该做什么做什么，似乎在他们看来乱流是最正常的事了。

在乱流中，看到如此冷静的一面，倒是让我上了很好的一课。希望这一路上能够谨记。

乱流过去了，但也没法再睡着，于是我又翻开最近正在看的那本叫《战火从天而降》的书。书中讲述了关于三名苏丹“迷途之子”的真实悲惨经历，关于成千上万在冲突中成为孤儿的丁卡族孩子的故事，关于他们目睹和经历的暴行，关于他们生活里无处不在的恐惧。一想起我就要到那片土地去，见这些孩子，书里描述的那些现实就变得更加可怕。眼睁睁看着父母被杀，打着赤脚徒步远行，最后饿死或渴死，看着朋友被地雷炸得死无全尸，看着朋友被鳄鱼分食、被狮群叼走——上帝！这是怎样的一种生活。

暴政导致200万人死亡。200万，一个数都数不过来的庞大数字。伤者更是不计其数，被截肢者5万，造成孤儿之多让人无法想象。那是非洲有史以来最血腥的战争。在我们说话聊天之际没有半刻停歇的大屠杀。

唯一一个让我能从心理上接受这些庞大数字的方法，就是先了解他们其中几个孩子的故事，所以我才看了这本书。而我知道的唯一一个能着手帮助他们的方式，就是先去帮助一个孩子，所以我才千里迢迢去找丹尼尔。当然了，我是满心希望最终能帮到的孩子不止丹尼尔一个。可是要达到这最终目的，得先从他开始。

边读“迷途之子”的故事，脑子边不停地转，我想让三个儿子也见见丹尼尔。我想请他到我们家吃饭，让孩子们知道他们自己有多幸运，让他们知道世界其他地方是怎样的世界。

◆

我称南非为“高墙之地”。约翰内斯堡几乎每家每户都有三米高的围墙，上面再加一米左右的电网或是带刺的铁丝网。有点像生活在动物园中。

走进理查德的家，这种感觉就更加强烈，因为他家到处都是动物：两只罗威纳犬，一只大乌龟，一只大鹦鹉，还有一大群猫。两只罗威纳体型都很肥硕，若称量一下，每只肯定至少 90 斤。一只叫卡玛，性格乖巧可人，脸蛋像小狗一样甜美可爱。但另一只洛可可是个“冷血杀手”。每次从它身旁经过都被它一动不动地紧紧盯着，活像随时要扑上来往你脖子上狠狠咬一口的样子。

哪一只会代表我们这次行程的命运呢？我还真不想去猜。

屋外有两口喷泉，一大片美丽的矮树丛，还有大片簕杜鹃撒下一片迷人的紫色凉荫。在将近两米高的围墙和六层电网外的对面街区，是一个大规模的贫民区。这里的人委婉地将贫民区称为“无规划定居点”。贫民区对面立了一所这么漂亮的豪宅本应该是很奇怪的，在这里却显得那么平常。但我没太在意。我和摄影组跟理查德打过招呼后，便马上开始架设打印机准备开工了。

如果你从没见过 3D 打印，那就想象一下用管子挤奶油在蛋糕上写“生日快乐”，写完一个“生”字，在同一个位置按照同样的笔顺再写一次，一次又一次，直到在蛋糕上叠出一个立体的“生”字为止。3D 打印机上的加热管叫挤出机，奶油（即耗材）一开始像硬硬的意大利面一样，经过挤出机加热后变成软胶状丝线沿着打印路线挤出，几乎是挤出的同时就会冷却硬化成坚固的塑胶形态。你能用 3D 打印机打印的东西只受限于你的想象：基本上，只要你想得到的就能打印得出来。

而且 3D 打印最大的优点就是能实现快速造模：不需要花太多时间考虑其他问题，在电脑上设计好图案，点击“打印”，几个小时后就能把设计出来的东西拿在手上把玩了。如果想和 8000 多公里外的人一起分享你做的东西，给他们传个文件就可以了，简单得就像给你妈传一张孩子们的照片一样，他们只要用 3D 打印机把同一个文件里的东西打印出来，你们就能在同一时间的不同地点一起欣赏相同的实物了。

成了，当然好；不成，也能很快发现问题。因为时差没倒过来，抵达的第一晚我整晚没合眼，正好来设置打印机，调适设置，打印一些假肢部件进行测试。其间，出了不少错，但我不断地跟自己说：“这是好事，因为出错是学习的过程，在约翰内斯堡有人提供协助的时候出错，总比到了苏丹只剩自己一个的时候才出错的好。”

理查德发明的机械手真的很巧妙。其基本原理是把假肢接在截肢者的手臂上，手肘一弯，就能拉动牵着五只手指的金属弦，让他们做出夹或者抓的动作。

最复杂的部分已经解决：理查德已经搞清楚通过手臂控制手指运动的逻辑和机械原理，并设计好了 3D 打印文件，也已经做出假肢证明方法可行。现在就只剩下点击“打印”这一简单的事了。

机械手的每一个部件都要分开打印：手掌相当于其他部件的安

装底座，还有五根手指，每根手指分两部分。用螺丝将所有部位接起来便可装上金属弦，利用金属弦把手指和手臂连起来。

日出东方，街道对面贫民区的石蜡炉上青烟袅袅升起，给四周裹上一层诡异的异域风情。如果身边一大堆零散的塑料手部件还不够诡异的话，现在气氛足够了。我感觉特别累，却也有一种前所未有地真实地活着的感觉。

◆

为我们记录这趟行程的摄影师蒂姆·弗莱西亚在我们抵达的次日也到了。那天，我们围坐着吃炖羊肉，他跟我们说起在他国拜访驻当地大使的经历。餐桌上铺的是洁白的尼龙桌布，摆的是上好的银器餐具，但餐盘上盛的却是小小的动物尸骸。他发现，噢，天哪，得吃老鼠！座上其他宾客开始埋头吃，纷纷发出盛赞，不想当个冒犯其他民族文化的无礼傲慢的美国人。他也开始吃了……

"这个，"他面无表情地举起满满一勺炖羊肉，"太好吃了！"

下午，蒂姆拿出我们买来准备航拍苏丹高空图片的遥控飞机把玩，我则继续打印假肢。再过几天我就得到苏丹去，届时不但要在没有任何人的帮助下自己做，我还得想办法教其他人做，让他们在我离开后也能继续。我想想都胆怯，但肯定能让你保持警觉。整个下午我都在工作室里看着理查德操作，尝试复制他所做的每一个举动，记下他的每一个步骤。相当于看着冠军拳手来模仿他踩的每一步、挥的每一拳。

我想在 12 小时内把制作假肢的步骤从头到尾记牢，那样就能教其他人了。我希望苏丹能有人把这做成一门小生意。或许只能挣几个小钱，但应该能比以前挣得稍微多一点。

理查德是个很认真的人。我笑称他是“暴躁队长”，从家里给他带了件 T 恤，上面有两个白雪公主的小矮人，还写着“我暴躁是因为你迟钝”的字样。

理查德的态度让我想起我爸说的：“乖，别发牢骚，做就是了。做成了跟做不成花的时间又没有分别，把它做成不就好了，不是吗？”

但我不介意理查德对我的态度。一来，你不能否认这个男人自掏腰包一只又一只地给残疾人做手，完全不介意对方能否给得起钱，很伟大。二来，每过一小时，距离我在没有他护航的情况下自己动手就又近了一小时。所以若让我二选一，希望理查德礼貌恭敬，还是在两天内填鸭一样往我脑袋里拼命塞东西，我会选后者，谢谢。

在约翰内斯堡的第一天，我亲眼看着理查德帮一个叫西里欧的男孩装新手。我听说了西里欧的故事：几年前一辆汽车从他旁边快速经过的时候车身一翻，压到了他身上。经过 3 个小时他才终于被解救出来，可手已经完全毁了。自此，他不得不过上缺了一只手的生活。

虽然我已经看见理查德在做手了，也了解这个过程有好几个月了，但当西里欧第一次试用时，我还是很兴奋的。因为现在是西里欧——一个男孩，一个真实的人，迫切需要这只手，比很多人需要任何东西都来得迫切。现在那个“助一，助众”的场景切切实实地在我眼前发生，一切都不一样了。突然间，这跟 3D 打印机、挤出机、螺栓、设置这些都无关了，只跟这个男孩有关。我安静地坐着，看着理查德加热矫形塑料（一种可改变形状的固态材料，放到沸水里将其软化后便可按照手臂衔接处的外部轮廓进行调整），看着他用双手把矫形塑料按照西里欧的手臂调整形状。

我真想知道轮到自己第一次给他人装假肢时，会是什么感觉。不需要好奇太久，因为理查德自有他的打算。他没跟我说，但没多久我就知道了。

◆

那天晚上，理查德聪明漂亮的妻子贝斯和他们乖巧有礼的女儿们给我们准备了晚饭。吃过饭，我便到门外坐着，听着街道对面贫民区传来的声响。那是一个很大的社区，那边传来的欢声笑语是那么生机勃勃，让我的心暖暖的、满满的。

不断有车驶过，里面都是年轻人，他们都爱把车窗摇下来，从里面传出各式各样的音乐，有饶舌的，有摇滚的。音乐是超越文化、肤色、国界，是全世界的。哪里都能看到年轻的孩子、疾驰的车辆和摇下来的车窗，哪里都能听到震耳欲聋的音乐。

原来帮助他人的欲望是普遍存在的。这种欲望超越了文化的差异，超越了身体条件的极限，也超越了时间与地域的限制。贫或富，都没有关系，帮助他人能让你感到快乐和幸福。

几年前我很爱读安·兰德的书，是她自私论的忠实信奉者。我跟其他人说起这事的时候，他们都会惊讶道：“啊？我还从来不觉得你是个右翼分子呢！”

我还真被他们的反应吓到了，因为我真的直接无视不少共和党人会把安·兰德视作哲学楷模这一事实。对我来说，自私论是完全超越政治范畴的东西。在我制作眼神书写器的时候，只是因为那让我感觉快乐，所以我对自己说，我还想继续那么做。对我来说，做些能帮助他人的事有种让我上瘾的感觉。

而那正是我从安·兰德那里学到的。她的自私论其实就是利他主义。想对世界有所贡献，就自私一回吧。做让你感觉快乐的事，最后就能帮到其他人。帮助他人的欲望是真实的、与生俱来的、让人有活力的，也是普遍存在的。就像我妈妈当年为了维持家庭开销身兼两份工作的同时，还继续在医院当牧师一样，因为帮助他人能让她快乐。

是什么让你感觉快乐？早上给孩子们弄烙饼？起床，喝杯咖啡，然后开始和面粉，把和好的面粉倒进煎盘，翻一面继续煎，看着孩子们满脸的期待，把烙饼放进他们碟里，再看着他们专心致志地在烙饼上抹黄油，倒糖浆，涂奶油。把烙饼弄得好吃，对他们来讲，是大清早里非常重要的事，是让他们快乐的事。

但有一天，家里遭了贼，把你的和面碗、抹刀、面粉、鸡蛋和发酵粉全给偷走了。那这天你就没办法给孩子们弄烙饼，享受不了那份自私的快乐。孩子们也没了一大清早的那份快乐了。你想要回那份自私的快乐吗？那就自私一点，出去把需要的东西都买回来。这样你就能再给孩子们做他们最爱的早餐，不但你自己感觉快乐，孩子们也会快乐。

真的一点都不复杂。

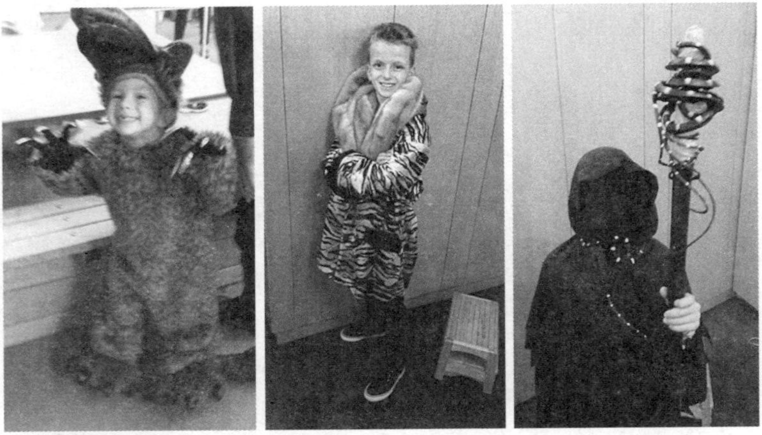

我的孩子们。摄于我缺席的第一个万圣节。

约翰内斯堡日落西山。在美国，那个时间正是万圣节当天一大早。我好想他们。每年我们都会隆重地搞个万圣节派对，把邻居都请过来。卡斯凯按照他们墨西哥人的传统做一个大大的皮纳塔[①]，把古古怪怪的万圣节玩具都往里面塞。但今年是卡斯凯第一次一个人办派对，也是有了孩子之后第一次没跟我、孩子们一起过万圣节。

在我用 Skype 跟他们聊天时，派对刚开始，孩子们兴奋得要命。崔斯是大灰狼，安格斯是吸血鬼马克莫，博则想象自己是死神的弟弟。我恨不得马上飞到他们身边，想得我胃都不舒服了，因为我知道跟他们在一起的时光是什么也换不回来的，我以后再也找不到今天那只三岁的大灰狼了。

---

① 皮纳塔：用陶土或者纸做的容器，打破后里面就会掉出各种玩具和糖果。——译者注

第十一章　助一，助众

为了分散注意力，我在工作室里工作至第二天快日出的时候才小睡了几小时。醒来的时候，我听到外面有什么动静，于是赶紧穿好衣服下楼去看个究竟。

理查德在门外，和他在一起的是一个少了一只手的年轻人，手臂自手肘下方起就被截掉了。

“这位是吉迪恩，”理查德说，“米克，你来帮他把手装上去。咱们回头见吧。”

我先跟对方介绍了一下我自己，感觉有一点尴尬。做假肢的项目筹划了那么久了，说了那么多，也研究了那么多技术方面的问题，但这还是我第一次真真正正地给一个活人做假肢。本该是我让吉迪恩放轻松的，但有时候反倒感觉是吉迪恩在让我别那么拘谨。我们在翻译的帮助下有说有笑地聊了一阵子。他跟我说了他的故事。他是一桩肇事逃逸案的受害者。那天，他和同事在矿上工作的时候，一个醉酒驾驶的司机把他撞倒之后就逃离了现场。到他被发现送到医院，他的手已经无法挽回。跟不少人一样，一开始他是拒绝截肢的，但他们跟他说：“这手是没法治好了，不截掉的话还会要了你的命，你必须要截肢。”

在来约翰内斯堡之前，我认识的所有人里，除了理查德，没有一个需要面对截肢这种痛苦的决定。但很快，我就要面对几十个甚至几百几千个曾面对这种痛苦决定的孩子，还有那些甚至连选择的机会都没有的孩子。理查德知道我在去苏丹之前得先试着帮一个人装假肢，得真真实实地干一次。因为他很清楚，在实验室里把假肢打印出来跟真实地给一个人装上假肢有很大的区别。

正如我的好朋友尤比常说的，困难总是得面对的。

我边跟吉迪恩聊天，边给他的手臂装上模型，让他感觉一下（还未到完成的程度），只是让他先试一下用3D打印的手指抓有手柄的东西。我又拿了个桶到他面前，放地上。他小心翼翼地把塑料手伸过去，用手指勾起桶的手柄，上提。慢慢地，慢慢地，桶离地了，我看到他脸上绽放出一个特别灿烂的笑容。我还真没见过有人能笑成那样。

给吉迪恩装假肢是一个十分缓慢的过程。我们带过来的矫形塑料有400美元那么多，我觉得够用了。这种塑料很便宜，而且透气性极佳，更不会因为出汗而粘上皮肤。但是在塑形的过程中，这种材质并不好控制，由于延展性太好，一不小心就调过了。所以整个安装过程比我预计的还要慢，再加上我的动作还非常笨拙。吉迪恩非常有耐性，但时间一小时一小时地过去，我能感觉出来他开始觉得无聊了。得想办法分散一下他的注意力。

"吉迪恩，"我跟他说，周围聚集了一些看热闹的人，"我需要你把手戴上，让我看看到什么程度了。"

他听话地戴上。

"好，现在我得测试一下其他功能。你能用左手摸一下右肩吗？"他照做了。"现在换右手摸一下左肩。"他又听话地照做。我继续让他做其他动作：右手摸一下脑袋，左手摸一下脑袋，右手摸一下左边屁股，左手摸一下右边屁股。他的表情好迷茫，像是心里在想：

这牛高马大的白人到底在干吗？我突然大喊："嘿！玛卡雷娜[①]！"

所有人一下子全笑开了，有人还开始"啦啦啦"地跟着哼唱，一起扭着身体跳着那支经典又简单的舞。有些歌就是能风靡全球，或者我们也可以说，每个年轻人，不管他们是什么文化背景，都爱庞克。看看吉迪恩，他都快一整个上午没笑过了，现在又开始笑了。我再玩一次，大家开心程度不减，甚至比第一次玩得更快乐。

结果我们的矫形塑料不够用，还得从理查德的供应商那里买些质量更好的。终于把假肢装上了，吉迪恩试了试新手。理查德也正好过来看看我们的进展。吉迪恩走到桌子旁，上面放着个绿色的小球。就像生来就一直做这事一样，他把手掌罩在球上，手肘一弯牵动金属弦。金属弦一拉，他的手指便抓着球了，然后慢慢地，准确无误地，把球抓了起来。

那一刻，我的心简直要燃烧起来了。你刚认识的一个人，本来少了只左臂，现在突然失而复得，左手又能动了，这会让你大脑每一个神经突触都兴奋得要燃烧起来一样。药物、摇滚、美食、佳酿，或是你做过的事，没有任何一件能跟那一刻相比。没有任何工业设备，只靠一堆液态塑胶和一些从五金店买回来的廉价螺栓和金属线，做出如此简陋却又如此重要的东西，让一个人从此拥有新生。

看着吉迪恩用新装上的手把玩东西，让我有一种既欣慰又奇妙的感觉。不是为了我，而是为了他。我尽量压抑着自己，别表现出

① 玛卡雷娜：20世纪90年代一首热门的西班牙舞曲，同名唱片全球销量超过1000万张。歌曲不但节奏明快，而且舞蹈动作简单，在极短时间内风靡全球。——译者注

一副沾沾自喜的样子，但真的很难掩藏那一刻内心的骄傲。就算像理查德那样脾气暴躁的人，我也能感觉到他很喜欢教大家帮助他人。而且就在那一刻，他朝我俏皮地眨巴了一下眼睛，活像看着自己儿子在少年棒球联盟的赛场上挥杆来了个全垒打的老爸。

我们把吉迪恩带到理查德家的后院进行采访。他的话让我很惊讶。他跟我说，他最想做的就是能重新走出去跟人交际。我们问他，为什么多了一只假肢就能办到了呢？

他说，他跟他认识的很多截肢者不同，他还能做很多其他的事，一只手也没问题。但那只是肉体上的，精神上的却又是另外一回事。

“我真的不怎么外出，”他说，“因为觉得尴尬。你想想看，穿着件长袖衬衫或外套，一只袖子就那么晃荡着，看起来很奇怪。”

我还真没想过这个问题，我一直只想着手的功能性，还真没意识到吉迪恩所说的，手竟也会是一项社交工具。

“大家会好奇这该怎么使用，都会过来看，”吉迪恩说，“很不错呀！”

对，我也觉得，会非常不错。

◆

那天傍晚，南非热带风暴来袭。下雨前深灰色的天，在夕阳下化成了艳丽的粉橘色，暗黄的街灯照明下，只能在远处黝黑山脉的上方找到残留的蓝色条痕。感觉像在预兆着什么，似乎有什么大事要发生，让你不得不留神。片刻后，雨倾盆而下，大而重的雨滴打在人行道上散成小珠花往上回弹，结实地砸在屋顶上时又会发出平底锅煎培根时的声音。那晚本来是准备烧烤的，雨一下，我就想着烧烤计划要告吹了。结果理查德的家人和朋友们丝毫不受影响，把烧烤的东西稍微往顶篷下方一挪，继续筹备工作。

对我来说，那又是人生的一课：非洲生活的简单处理法则，绕开逆境，继续前进。

晚餐很丰盛，烤牛肉非常美味，理查德的妻子贝斯亲自弄的法式薯条是我吃过最好吃的。但我一直想着雨中烧烤，想着烧烤时下雨了他们是怎么轻松应对的。

就跟当天吉迪恩给我的感觉一样，只不过当时没说出来而已：虽然他说一开始很抵触，但我见到他时，他其实已经接受了事实，习惯了，也克服了困难。我帮他做的，只不过是帮他把从手臂被截肢那一刻起一直做的（克服困难，改善现状）再进一步而已。能遇到这么多不屈不挠的人，我觉得自己真的很幸运，很受上天眷顾。我知道吉迪恩在某方面于我而言，是个开头，是一个吉兆。此后，我会在苏丹，在灿烂的日子里，在日出、日落时分，在不管明亮还是黑暗的环境里，遇到更多的吉迪恩。

而且如果你够幸运的话，还能吃上一顿丰盛的美味佳肴。

◆

那晚，凌晨 2 点，除了我，所有人都睡了。我需要补充睡眠，因为天亮后我们就得起程前往苏丹。可我睡不着。活这么久，我只独自做过一只假肢，就准备在我最不熟悉的土地上冒险前进，做一些我只算是刚学会的事，所以，任何一点挤出来的练习时间都很宝贵。于是我大半夜地爬起来，又到理查德的工作室去。

反正自抵达约翰内斯堡后我睡得也没那么多，基本上每天都是眯一会儿，起来刷牙，到工作室去忙碌，到晚上再睡几小时，如此重复。要学的太多，但时间却太少。

我坐在一张桌子的面前。桌子上散落着各种工具、钻头、塑胶手和 3D 打印的失败品。到处都是灰尘，除了 3D 打印机发出的嗡嗡声响和电脑屏幕发出的微弱光芒，四周一片寂静。暴风雨过后，空气冷飕飕的，来之前我完全没料到非洲也会有寒流，没带保暖的衣服，其他干净的衣服也已经打包好了，也就只能套着条沙滩裤穿着件 T 恤，在工作室里继续打印塑胶手。

理查德从 2013 年 1 月开始做假肢。我是 2013 年 10 月开始的，也只不过比机械手的发明者兼大师晚起步几个月而已，这多少让我觉得有点安慰。我努力保持这种心态。我还常想起那天晚上理查德跟我说的话。他不怎么喝酒，但那晚他却拿出一瓶柯纳克白兰地和我对饮。理查德不是个情感外露的人，所以当他举起那小杯白兰地时，我有一点惊讶。他说："你会做得很好的，伙计。真希望我也跟你同行。"

他的话让我受宠若惊。这就是那个暴躁地跟我说我不该去的人。从他嘴里说出他相信我能做到这样的话，还希望能与我同行，是我能从他那里获得的最高称赞了。

我不是喜欢浮夸虚荣的人，我相信人的自信源于自身。但人有时总想听到别人对自己的称赞，尤其是那个你所尊敬的人。对我而言，那个人就是理查德。

第十二章
坚持，直到成功的那一刻

到了朱巴，首先引起我注意的是蚊子。

前一个晚上，朱巴下的那场雨把数不清的蚊子给淋醒了。我们架好灯具要做采访，蚊子不断地往聚光灯上撞，发出嗞嗞啪啪的奇怪的声响，让人分神。

朱巴就像是在贫困的第三世界里的一座岛屿：拥挤的街道上，汽车和摩托疯了似的互相鸣喇叭，路面上火山口一样大的坑坑洞洞随处可见。政治状况导致这里贴着国际车牌和联合国车牌的丰田路虎比想象中要多。我们日程很紧，计划只在这里逗留两天，稍作整顿，把我们需要的其他东西都带上，就得到伊达难民营去了。

抵达朱巴没几个小时，正好赶上日食。这让我有种不祥的感觉，但我不愿多想。有人给我们安排了在尼罗河上泛舟看日食的活动。开车驶过破落的街道，到处都是熙熙攘攘的衣衫褴褛的人，忙忙碌碌只为糊口。转瞬间自己已在尼罗河的船上，身边坐满了喝着啤酒的德国人，还有个年轻的苏丹人在敲打着邦哥鼓助兴。他的鼓敲得可认真可卖力了，要是能稍微有点节奏感就好了。一瞬间，从一番景象切换到另一番景象，令人有一点错乱感。可还有更离谱的：我们经过尼罗河中央的一座小岛，岸边有棵两米多高的栏果树，树下有一张蹦床，上面躺着个孩子。除此之外，岛上就什么都没有了，连幢建筑也没有，就只有一张蹦床。活像从费里尼[1]的电影里剪出来的镜头：在尼罗河中央的小岛上，摆张蹦床到底是要干什么？

我们也登上了那座小岛，在蹦床上的孩子旁，沐浴在日食的暗光下，德国人又开了另一瓶啤酒。在一片贫瘠之地上，享受如此奢华的一刻，让我有种强烈的负罪感。可两天后，我既不确定能否有榻可眠，也不确定是否有食下肚，更不知道会不会因为感染疟疾而痛苦得死去活来，毕竟这辈子还真没被这么多蚊子叮过。还是能尽欢时就尽欢吧。

这也是我在这一行中学到的重要一课。

◆

我们入住了一家名为贝都因酒店（Bedouin Hotel）的酒店。含蓄地讲，酒店很朴素，但我猜相对于朱巴的标准来讲，这已经比得上皇宫了。

那里有大概 20 间帕拉帕。帕拉帕，其实就是看起来像工作棚一样的小棚屋，不过里面有自来水，有柔软的床褥，有蚊帐，还有供电，所以我们也算幸运了，除了隔壁飘来的那股恶臭。酒店旁就是屠宰场，白天那里会烧牛角，散发出浓烈刺鼻的气味。酒店全天都会烧乳香，设法把那股气味中和一下，好让客人舒服一点，但如果你不习惯牛角和乳香的味道，那气味依然很呛。

在朱巴的第一天，彼德给我们请来安排行程的肯担当司机。司

① 费里尼：即费德里科·费里尼，意大利著名演员。——译者注

机开着车一路躲闪着路上塞得进一辆大众甲壳虫的土坑，载着我们到处跑。我们就一路坐在卡车后座拽着记者证（能让我们在这里畅行无阻的东西），尖叫着穿城过镇。

有一次中途停车的时候，我向肯说起，我想知道丹尼尔的事，诸如他是不是还活着，我们能不能找到他，我有多想见到他。“噢，”肯说，“我有丹尼尔的视频，你们想看吗？”

经过了这么久，这么费心的准备，我还真没想过有人会有丹尼尔的视频。于是那天晚饭后，我们聚在一个棚屋里，肯用自己的手提电脑给我们放视频。在那之前，我甚至没期待过能有机会见到丹尼尔，或是听到他的声音。

老天爷！

那是第四频道的视频报道，拍摄者是记者艾登·哈特利。他在苏丹人民解放军（北方局）的护送下深入没有外人进入过的努巴山区地带。肯把视频片段快进到哈特利抵达汤姆·卡丹纳医生驻守的医院那里。我看着卡丹纳医生给截肢手术后的丹尼尔拆绷带。即使只是看视频，我也能从丹尼尔眼中读出伤痛、绝望和悲伤。他拒绝跟任何人说起，也不跟任何人有眼神接触。这看着让人心碎。

但这才只是开始。

肯又把视频点回到开头，给我们播放哈特利穿行努巴山区的画面。那里是苏丹人民解放军（北方局）的据点，也是巴希尔残酷轰炸的主要目标地区。我曾在报道上了解过当地的状况，我以为我了解的，但亲眼看见，却是另一回事。

老实说，那是我第一次真正感受到苏丹状况的可怕程度。看着那里的孩子们（比我的孩子大不了多少），听到轰炸机接近便马上往山洞里逃命，然后炸弹在附近遍地炸开，这样的情景让我的胃翻搅。一家五口，只能吃树叶度日。死神从天而降，孩子们只能瑟缩着躲进狐狸洞里。

学校，连一个校舍都没有的学校，上百个孩子聚在一丛阿拉伯橡胶树下，唱着歌准备开始一天的学习。此时，一个耳尖的小朋友听到炸弹落下的声音，尖叫了起来。瞬时，上百个孩子为了活命，撒腿就往附近的山洞跑。

那个情景让我终生难忘。

镜头又回到卡丹纳医生那儿，我又看了一遍他给丹尼尔拆纱布的过程。镜头继续拍摄其他伤者：一个女人在爆炸中失去了一只手臂，在那次爆炸中，她还失去了妈妈、两个姐妹和她的孩子。一个十来岁的男孩半张脸被炸得血肉模糊。卡丹纳医生虽救回他一条命，却没办法挽回永远模糊的半张脸。

卡丹纳医生说他已经给 700 名在冲突中受重伤的人做过手术，估计当中有 80% 是无辜平民。

记者问他，为什么在最近一轮的轰炸开始后依然坚守在这里？为什么还要留在这么危险的地方？

“我想是因为我没有别的选择了吧，”他说，“不然你还能怎样？要么丢下所有人自己一个人逃，要么留下来继续做该做的。能选的只有一样。”

换句话说，不就是“若非此时，更待何时？舍我，其谁”吗？

那个晚上，他的话一直在我脑海里浮现。透过视频所见的情景让我颤抖。通过文字了解当地的恐怖与绝望，与亲眼所见，是有极大区别的。而距离我亲身体验，还剩不到48个小时了。

◆

次日，一早起来我们便开始收拾器材。那位了不起的说话慢吞吞的英国人彼得还先我们一步来到当地，替我们把一切都安排好。彼得和苏丹进行接触已经超过30年了，现时不少苏丹政府人员小时候都曾是他的学生。他在我心目中就是率领我们征战四方的欧比旺·肯诺比[①]，我不知道他用什么样的杰迪[②]能力把事情办好的，但他就是有办法把事情办好，锁得紧紧的门也能被他打开。看见他为我们井然有序地安排好的一切，我唯一能做的，就是坐端正，心存感激。

从美国出发时我们还在烦恼要怎么把器材都运去伊达，因为航班有严格的限重要求。但彼得却不知怎的帮我们拿到许可，把250公斤（约550磅）的器材运去伊达。这可真的帮大忙了，因为那些3D打印机、塑胶耗材、摄影器材，全是我们在那边需要的。器材要在我们出发前先一步送过去，说实话，把器材跟我们分开，这让我特别担心，虽然细想一下的话，我更应该担心我们是否会被炸得身首异处。这还真得益于战地摄影记者蒂姆、录影师安德里安·贝

① 欧比旺·肯诺比：《星球大战》里的角色。——译者注
② 杰迪：《星球大战》里的光明武士团体。——译者注

里克和彼得。他们在战地待的时间很长，学会了怎么把注意力专注在手头的任务上，不去看宏观大局，这样反而能把事情做好。一方面，专注于一件小事，正是我们发展“没有不可能”的逻辑，想要帮助很多的人，你得先从帮助一个人开始。而不去看宏观大局，决定只帮助一个孩子，只帮助丹尼尔，让我可以继续往前走下去。

虽然我们有共同的目标，但成员之间还是会闹一点矛盾。但那种压力是源于每个人都有热情要把项目做好做对。这是好事。作为一个合格的管理层，其中一项重要的必备技能就是要懂得分辨这种矛盾的性质，到底矛盾是源自芝麻绿豆般无关紧要的小事，还是源自大家对工作的热情和积极。前者是要消除的，而后者则是管理者要去忍耐，甚至得适时煽风点火的。

表面看起来，我们似乎有两项任务：做假肢和拍纪录片。但其实，二者不离其宗。我之所以欣赏蒂姆·弗莱西亚和安德里安是因为他们跟我一样喜欢讲故事，也跟我一样相信讲故事能让事情出现很大转机。在“助一，助众”逻辑里把关注点集中在一个人身上，不但是不可能实验室办事方式的核心，那恰好也是讲故事的最佳表达方式。你不能把那里绝望的气氛带给其他人，那会让人窒息的。但如果你想办法让他们去对一个人的处境产生同情，去关心那个人，让他们感同身受，你就能让大家行动起来，并想要做些什么去改善现状了。

要达到这个目的，一个清晰、简单、能让人口口相传的故事，就能做到。

把注意力放在手头的一个任务上，这种做事方式在各方面都帮了我不少。不但让我忽略了在这里被蚊子叮咬的数不尽的包，也让我不再去想从那天跟马特·凯勒吃饭第一次说起丹尼尔的事到现在，还不到4个月的时间。所以我们手勤脚快地在这里收拾器材：这一箱装的是镜头，那几箱装的是矫形塑料，这些是睡袋，那些是给卡丹纳医生的威士忌。换了是你，长时间待在一个荒芜的地方无处可去，你也需要喝一杯吧？

◆

我们一般只有4小时睡眠时间，结果那天睡醒起来，我就真的需要来一杯烈酒了，因为我们要搭乘的航班被取消了。没有任何理由，也不知道为什么，就是被取消了。其他人都觉得理所当然，彼得和蒂姆不停地说“这毕竟是非洲”，但我却沮丧得要命。我真的很想尽快抵达伊达，尽快开工。我们考虑过改飞塔尔加斯，当地一个油田基地有一条飞机跑道，从那里再转陆路开车去伊达。但听说那里去伊达的路已经毁得不成样了，就算能通车，从那里到伊达也得经过南苏丹的交战地带，南苏丹政府军、苏丹人民解放军（北方局）和苏丹人民解放军的一个小分支每天都在不停地发生摩擦和冲突。

所以，我们还是决定耐心地等一下，开车在朱巴四处转转，拍些照片，做做采访，跟陌生人打打招呼。那天的所见所闻让我印象非常深刻：尽管处境恶劣、环境糟糕，当地人却依然保持乐观的心态，常带微笑。诚然，在首都，人们多少有些收入，可以维持日常开销，但毕竟这是一个战乱的国家，人们生活贫困。可大家脸上依然带着笑容，依然乐观、欢乐，互打招呼，有说有笑，似乎身体的每一个细胞，都需要用欢乐去化解恶劣的环境的影响。

我们回到酒店，烧牛角的恶臭和着一丝乳香的气味再次将我们包围，蚊子大军无处不在，我们随时都有可能染上疟疾，就像拿生命来玩俄罗斯轮盘一样。我们接受了行程原因不明地被拖延的现实，也经历了因为拍张手推车的照片就被拽到警察局里走一遭的无稽之事。虽说我从朱巴人民的态度学到不少，但行程遭无故拖延还是让我很烦躁，每一分钟都比前一分钟要烦躁。

幸好万能的彼得又出手了。他联系上了正好要把一些孩子从朱巴送往一个小村庄的慈善组织，他们的飞机把孩子们送到村庄后还要继续飞往伊达难民营。我们赶紧连人带器材地冲过去，跟那些孩子们列队等着上飞机。这些孩子全都在前一天刚做完唇腭裂手术，小脸都还红肿着，线还没拆，医疗环还套在手腕上，或是由父母抱着，或是枕着父母的大腿，全都睡着了。而我们这群看起来“乱七八糟”的大人，有身高近两米的白皮肤大光头，有驻着根拐杖的欧比旺·肯诺比，还有两个战地记者一样的人，在他们身边挤着。

终于要去伊达了。我紧张激动得得不时提醒自己呼吸。

◆

到非洲旅游时，北至摩洛哥，南至南非，你会觉得全是一片绿油油的土地。从朱巴起飞，从天空俯瞰，也是一片葱绿。可越接近伊达，地表颜色就变得越来越灰褐色泽。虽然零星能看到这里种着点南瓜，那里栽着点什么，但大部分都是褐色的泥土、褐色的建筑，一切看起来都是褐色的。这是一块像生了锈一样的贫瘠地。

飞机降落，跑道旁两架失事飞机的残骸吓了我一跳。人们都懒得去清理了，随便把残骸从跑道往旁边一拖就了事，还有一大群孩子在残骸的里里外外玩耍。那些可不是塞斯纳产的那种小型机，而是 DC–3s 那种客机。我脚一踏出飞机，孩子们就朝我们蜂拥过来，都想近距离看看这奇怪的大光头白种人。我们花了好几分钟才从孩子堆里抽身，坐上等在一旁的军事越野车。

车驶进难民营。报道上看过的，以前见过的，甚至肯在朱巴给我们放的视频，都没法跟我亲眼所见的相比。目所能及之处杂乱无章。这里生活着将近 7 万人，人口规模相当于一个小城市了。只不过，这里跟城市完全扯不上边。

我和一些来迎接我们的人。摄于伊达飞机跑道。

方圆不知几公里，全是棚屋，说是棚屋已经算客气了，因为那些只不过是干草扎成的帐篷，用绳子扎起或用叉子撑起，上天已经忘记要眷顾这里生活的人们了。这里缺衣、缺食、缺水，也缺少医疗设施。

大部分的树都被砍了，难怪从上空俯瞰只是一片灰褐色。这里荒凉贫瘠，有些棚屋其实就只是头顶遮一片防水布，连棚屋的景象看起来都那么不连贯。绵延数公里范围内，只有灰褐色的棚屋，当中零星地散落一些印着联合国标志的粉蓝色和白色的防水布。山羊、狗，还有其他动物随便在其间行走，仿佛挪亚方舟翻了船，幸存的人和动物都到这里生活了一样。不管在哪里你都找不到卫生设施，只看到地面上随处挖一些深深的坑洞用来储水，这里也没有规划的排污系统，也是随处挖一些浅浅的坑洞当作公共厕所。有人跟我说，每到旱季，连肮脏的储水都蒸发掉了，粪便干了之后被风一吹就散到空气里，人从鼻子和嘴巴里吸进的都是粪便。

而这里却是人们避难的地方，生活条件比他们离开的那片土地要好的地方。这里的人都失去了心中所爱的人，有的人全家都没了。他们都感受过我们无法想象的恐惧。

然而，在这里，让我震惊的不是难民营让人作呕的环境，不是难闻的气味，不是恶劣的条件，也不是怎么有人能喜欢这里或是外界怎么能容忍有人要生活在如此环境之下的感叹，而是这里欢乐的气息。让我震惊的是这里欢乐的气息。

我晕乎乎地在难民营里穿行，看见人们在笑，在聊天，就像你在未经战火的城镇里平常的一天所看到的那样。主道路两旁的棚屋之间，孩子们在玩着不知从哪里找来的一个足球。有的在踢球，有的手里拿着根棍子绕着圈子互相追逐嬉闹，像一般的男孩子一样倒着跑。男生都爱这么玩，我心里想，要是我把儿子们带到这里，让安格斯、博和崔斯也在这里生活，一旦接受了不能再像往常一样生活，没办法拿着 iPad 看电影，他们也会像这里的孩子们那样追逐嬉闹的。要是在这里能用社交软件，他们肯定会在上面加标签，提醒我看，告诉我："我要这么跑！不是啦，我说笑的。我会这么跑！哈！把你给骗了吧？你抓不到我的！我可以这么玩一整天！"

其间，传来孩子父母在附近诵唱的歌声：和谐优美的和声，诵唱着千万年前古老的旋律，欢快动人的歌声让人觉得宇宙万物皆得其道。那一刻，那种感觉也在我心中产生了共鸣，感觉我正在做的事本就是我应该做的，没什么大不了。

一个带着自制吉他的人在营地里尽情地演奏着。

再往里走一点，我们居然看到了一个热闹的市集。你没办法想象在难民营里看到市集的时候产生的那种认知失调[①]的感觉，堪比在月球上发现了购物中心。但在那片贫瘠、荒芜、绝望的土地上，人们却开起了小商铺，卖起东西，而且大家还真的能赚到钱，实实在在地拿钱去买。市集里什么都有，瓶瓶罐罐、锅碗瓢盆，肉和烧烤用具，甚至连手机也有。怎么会有人在这里卖手机？这里方圆几公里连个电话信号接收塔都没有！但他们真的在这里卖起了手机。唯一的解释我猜是世界无处不商贸吧。有人告诉我，这里在成为难民营之前就是个小市集，难民营以小市集为中心建了起来，这些商铺也就这么一直经营着。那里甚至还有一间简陋的小酒吧，有一个冷冻柜和几张塑胶椅，你可以来这里仰坐着，点杯苏打水。

我们的落脚点是欧拜伊德教区的院落。院落里有 5 个帐篷、2 个储物箱，四周有 3 米高的围栏围着。我们见过了负责管理这个院落的菲利普，一个在伦敦长大的虔诚的喀麦隆人。菲利普是个信息技术专家，后来帮了我们不少忙。我们跟他说了我们此行的目的，告诉他我们希望能找到丹尼尔。

没想到他居然说：“哦？你们想见丹尼尔？现在方便吗？”

我们被他问得措手不及。我被惊得下巴都要掉了。

我们结结巴巴地回话：“方便，现在很方便。”

他又说：“哦，那没问题，丹尼尔就在那边。”

我们在菲利普的指引下，往那个小小的棚屋走过去，我心里很

---

① 认知失调：指同时产生两种想法，且这两种想法互相矛盾，不相容。——译者注

紧张，有一点像第一次跟 Tempt 见面时的感觉，像个第一次跟未婚妻见面的青涩少年。我心里不住地在想：他会怎么看我？他会喜欢我吗？

我们走进棚屋，在那里和另外三个截肢者坐在一起的孩子就是让我们寻遍 3D 打印公司，让我们千里迢迢到约翰内斯堡，让我们搭上前往伊达的飞机，大老远不顾一切地跑过来帮他的孩子，似乎我们的世界就是绕着这孩子转的一样。现在，他就在触手可及的地方了。

可他却看都不看我们一眼。

丹尼尔很排外，很悲伤。他坐在地上，上臂紧紧贴在躯干两侧，手肘以下空空如也，眼呆呆地盯着地面，仿佛在观察虫子在地上爬。看来他是完全不愿意跟我们交流。

我把注意力转移到周围其他被截肢的孩子身上，也一直用余光观察着丹尼尔。我拿出一支油性笔，在手侧画了一只米老鼠，食指是上唇，大拇指是下唇，手指张合就像米奇老鼠在说话一样。我学着米老鼠那样捏着嗓子用假声跟孩子们打招呼。丹尼尔的弟弟沙奇坐在他旁边，笑开了。丹尼尔却努力压下了嘴角的一丝微笑。不过至少我引起了他的注意。他看着我玩了一两分钟，然后又默默地背过身去。

我想起在那次爆炸后丹尼尔跟记者说的那句话："手没了，我什么都做不了，连打架都打不了。我会给家人带来很大的负担。如果能死，我倒宁愿死去。"

看着丹尼尔，没法想象如此小的年纪，却对生命不再抱有任何希望。我几乎能听到心碎的声音。

我们尝试在翻译的帮助下跟他说话，但他的回答都只是简单的词。我们只好改日再来。

那天稍晚时候菲利普告诉我，丹尼尔曾两度到乌干达去装假肢。当年那些假肢都只是为了好看，缺少功能性，还很不舒服，每次一回来，他就把假肢往地上一摔，说再也不戴这些东西了。老天爷，看起来我们这次的任务很艰巨啊！那些都是专业的假肢制造商，我们这群拖着台 3D 打印机的顽固美国佬完全没法跟人家比啊。但同时，我又觉得信心满满，因为我们的假肢可不只是为了好看。虽然是粗糙了一点，但我们的假肢可是很实用的，能拿东西，能做事情。我敢保证，一旦丹尼尔知道我们要帮他做的这些，他会高兴的。

不过，那是我希望的。我们计划是把丹尼尔带到吉岱尔去，汤姆·卡丹纳医生的医院在那儿，在那里我们才能把器材组装起来，打印出假肢，教会他怎么用，让他的生活好起来。

但命运，自有安排。

◆

那天下午，一切准备就绪，我们正准备往吉岱尔出发。吉岱尔地处努巴山区，属于苏丹人民解放军（北方局）控制下的冲突地带。丹尼尔跟另外 4 名截肢者都在卡车后面坐好了，旁边堆着我们的器材。正准备上路，一个高大结实、一身肌肉、威风凛凛的安保人员出现在我们面前。他穿着便服，上身是平整的 T 恤，下身是条便裤，笔挺的裤管正前方那条折痕都可以拿来当刮胡刀用了。他走上前，用字正腔圆的英语温和有礼地跟我们说：“很抱歉，但出于安全考虑，你们不可以出发。”

负责打点一切的人这时适时插入了，我还想着，行了，有人搞定，我们可以如期出发的。彼得还是谁跟这男人说：我们得上路了，没时间跟你开玩笑。但安保先生却比我们的人更坚定。安保先生叫约舒华，虽然后来跟我们成了朋友，但在当时，他就是一块我们无法推动的拦路石。我们不懂为什么他要阻拦我们。约舒华冷静地跟我们解释，因为停火协议破裂，那里不再是局势紧张的地区，而成了实实在在的交战区。我完全想不出一个能跟“交战区”三个字一样强悍的理由来反驳他。于是这回，我们真的受困了。

跟几个没了手臂的孩子们一起坐在卡车后座，花了那么多时间准备执行这次不可能的任务，来到这么远的地方，却被告知：“不行，到这里为止吧。”这样，真的很让人沮丧。

那个负面的批判的声音在脑海里浮现：“看吧，做不到的，都不知道为什么你竟然还妄想自己能办到。”谁没听过这个声音，它让我们停止无谓的挣扎。它说：“别再费力了，接受失败吧，因为接受失败比一切都来得简单。”

但是，另一个声音也告诉我：“管它的！”

我们当下就做了新的决定：我们人就在伊达，3D打印机也在伊达，丹尼尔在伊达。到不了吉岱尔去，那我们就不在吉岱尔做。这我们认了。我们接受这个现实，但我们绝不放弃。

但在伊达这里设立我们的假肢工作室，不是件容易的事，这我们心里都很清楚。

难，但并非不可能。

第十三章
如果没有什么是不可能的？

炎热的天气和烦人的虫子，如果让你选，你会选哪一样来破坏你的好事？这就是我们在伊达给丹尼尔做假肢时面临的两难选择。

我们把阵地转移到一个更大的院落，那里是由照应我们的非政府组织负责的。组织负责人要求匿名，因为他们觉得匿名有助于他们在帮助人们的时候不被卷入政治纷争。我很想跟大家多说一些关于这个组织的事，组织成员都是很谦虚、亲切、了不起的人。

跟欧拜伊德教区的院落相比，这里相当大。院落入口处的左侧停满了全地形车，右边停着的是四驱车，都是志愿者在难民营里的代步工具；入口处右侧是志愿者居住的帐篷。蒂姆睡在我身旁，没多久我就领教到了他无人能比的鼾声。

再往前走一点，有一个圆形的大棚屋，那里是大家吃饭、开会和进行各种团体活动的场地；还有一个小一点的棚屋，用作临时的物资供应处。那后面便是厨房了，还有个电房，和一个在接下来 7 天成了我作业小天地的相对比较大的工具房。工具房的大小大概能停放一辆车，没有窗户。工具房旁边紧挨着一个开放式空间，以防水布为顶，再来又有一个更小的开放式建筑，有个铁皮顶，我就把打印设备都放到铁皮顶下。

第二天一早，丹尼尔和他弟弟沙奇准时报到。我们给他们早餐，所以他们每天都很准时。沙奇对丹尼尔细心照料的程度让我们吃惊，喂他吃喝，帮他穿衣服，擦身子，为他做一切，还毫无怨言，而且全都做得有条不紊，仿佛那是世上再正常不过的事了。更让我惊讶的是，我后来才知道，虽然他们称对方为“哥哥”和“弟弟”，但其实他们不是亲兄弟。在他们的文化里，就算对方是很疏远的亲戚，但互称叔伯兄弟是很寻常的。丹尼尔的爸爸是那一辈里排行第二的，和沙奇的爸爸大概就是表兄弟关系。看见沙奇对丹尼尔细心的照顾，让我亲眼所见亲身所感什么叫无条件的爱。在无条件的爱面前，你会觉得自己是多么渺小。

吃过早餐，他们就会乖乖地等着。我已经提前跟他们打过招呼了，这一天会很漫长。丹尼尔比我见过的任何一个 14 岁的男孩都要有耐性。在接下来的几天里，他每天都会静静地坐好几个小时，就那么看着我工作。要让我的孩子们安安静静地坐着看我工作，简

沙奇、丹尼尔和我。

直想都不敢想。

但我不得不说，孩子毕竟是孩子，他们的共通点多于差别。我们带了些平板电脑过来，本来是要用来连接 3D 打印机的。我们设置器材的时候拿了其中一台给丹尼尔和沙奇玩，给他们开了平板电脑里的游戏程序。尽管他们从没见过平板电脑，也没玩过电脑游戏，但用不了几秒就已经完全投入其中了。丹尼尔用断臂在屏幕上玩赛车，就如普通孩子用手指来玩游戏一样灵活自如。那画面看着有一点不真实。他就在平板电脑上打外星人，用愤怒的小鸟瞄准目标砸过去，跟美国城里的孩子没有任何区别，只不过他周围是一堆落后的建筑，四周环境一片荒凉而已。

在我忙着组装设备准备要给丹尼尔做假肢时，丹尼尔和沙奇就在我旁边，努力通关，输了就骂两声，真真实实地存在着。

我时不时地会把丹尼尔叫过来，要给他调整手臂的部件或者进行功能测试。如果他正好打游戏打到一半，他的反应就跟其他 14 岁男孩一样，直接无视叫他的人。我不得不继续叫："丹尼尔！过来。过来这边！"这时，他才不情愿地把平板电脑递给沙奇。沙奇见机会难得当然是毫不客气地一把抢过去。丹尼尔这才不情愿地走过来，还故意唉声叹气地，好让我知道是我害他没得破今天的纪录。

真的，全天下的孩子都差不多一个德行。

差不多 40 摄氏度高温下，3D 打印机罢工了。棚子里热得跟蒸笼一样，耗材在线轴上就已经开始融化，完全没办法塞进挤出机。

我们在打印机旁摆了两台摇扇，一开始似乎能行，但风在散热的同时也会卷起大量尘土往马达里吹，过不了多久马达就被堵住，打印机又罢工了，我们还得把零件拆开来清理。最后，我们决定在晚上才开始打印，晚上会稍微凉快一点。终于把一切架设好可以正常运作时，却已经是夜深了。我在工作棚里观察了一个小时，打印应该不成问题。好累。我用组织机构给我的那把锁把工作棚锁上，便把头灯往脑袋上一扣，往自己帐篷走去，找我那个鼾声如雷的伙伴去。

第二天一早起来，我便兴奋地往工作棚跑去，想要查看第一批打印出来的部件。但门锁一打开，结果却让我大失所望。不但没成功打印出我们需要的东西，还得费神去把那些巨大得应该只有在史前世界才会有的飞蛾尸体从打印机马达里清理出来。我们都忘了，这里夜晚虫子数量惊人。打印机的灯光会把虫子都引过来，敢死队一样一股脑地壮烈地往打印机马达里冲。

所以我们的选择就只有两个：要么解决白天电脑系统高温罢工的问题，要么解决晚上虫子过来自杀的问题。这个选择题快把我逼疯了。

不过折腾了快一天后，我们还是想办法给丹尼尔打印出了一只手。

应该说是打印出了一只手所需要的全部部件。这才是我一生中第二次给一个活生生的人安装假肢，也是第一次在完全没有外援的情况下进行。我努力掩藏好内心的恐慌。要让他能自己动手做些什么，首要目标就是让他能自己吃饭。

丹尼尔的脸看起来像个小老头似的。他眼里带着种厌世、倦怠的神情，似乎把自己紧紧锁在自己的世界里，找不到理由再爬出来一样。噢，我又打断他打游戏了。给他试戴假肢时，他闹了下小情绪。他的左臂自手肘下面就被截掉了，所以我们打算先从左臂开始。我打印了一个小小的塑料袖子，套在他手肘上面，下面还有长长一截可以贴在他上臂上。然后我开始弄金属弦，以手肘为中间点装了铰链，让他手臂可以弯曲，弦就从铰链开始一直连到手指。本来琢美牌的工具都很好用，手掌大小很好操作，不幸的是在这里我没办法充电，需要 110 伏特电压，但我们没办法调整电压，所以衔接处的调整工作就得人工进行了。这种纯手工劳作真的很耗时间，进度缓慢，无聊得很。

在炎炎烈日下做这种无聊的工作更是让人生厌。但丹尼尔依然乖乖地坐着，看着，耐心地等着，不时地跟弟弟用阿拉伯语聊几句，走过去拿起平板电脑打打游戏，跑出棚外在泥地上踢踢足球。唯一让他兴奋一点的事，是我起身到炭炉上烧水准备软化矫形塑料，回来时一脑袋撞上打印棚突出的一块铁块，留下了个大大的伤口，活像在自己脑门上盖了个章，伤口还一直留到这次行程结束。丹尼尔和弟弟看着，觉得我非常搞笑。我就说，孩子其实都一个样。几小时后，我终于把最难搞的部分搞定了：把手组装好了，金属弦一被牵拉，手指就会往掌心收缩，做出抓的动作，一放松，弦又回到原来的位置，手指便会张开，有一点像跟人家打招呼的手势。

翻译不知道到哪儿去了，但丹尼尔和我沟通却没障碍。“闭上眼。”我跟他说，拿手在自己眼前晃了晃。他居然懂了，把眼睛闭上。我发誓，我真的看到了一抹淡淡的笑容在他嘴角微微泛起。我把假肢拿到他面前，然后让他睁开眼睛。我对着他招了招手。

那抹淡淡的微笑瞬间绽放，这才是一个十几岁男孩该有的笑容。那是一抹任何为人父的人都熟悉、都喜爱、都愿意为之努力的笑容。看着这个被毫无意义的战争夺去双手，骨瘦如柴，营养不良，脏兮兮，衣衫褴褛，却依然漂亮的男孩咧嘴而笑，不管是谁，都会庆幸自己在场，见证这一刻，目睹一片哀伤里绽放的小小欢愉。

那一天是 2013 年 11 月 11 日，在威尼斯海滩和马特的那顿晚餐，是命中注定的，把我带上了这条路，到当天为止，正好 4 个月。

我说的帮助他人其实是一种自私的行为，就是这个意思，没有贬义，只是说帮助他人的行为可以让我们自身感受到真正的快乐。那一刻让我觉得无比快乐。

让你快乐的是什么呢？家人？事业？电影？电视节目？美食？佳酿？游艇？华车？假期？环游世界？滑雪？都有，但我还会告诉你一样：一个没了手臂的男孩，第一次看到自己的假肢在他面前跟他打招呼时冲你露齿大笑，洁白的牙齿在正午艳阳下闪耀得好比钻石。

◆

兴奋一轮过后，气氛又沉闷起来了。我在上臂长长的延伸部分上钻螺栓孔，在那里接上铰链，正好装在丹尼尔断肢末端，与另一个小部件相接后，就能再接上前臂。幸运的是我把这个电钻的充电器带来了，至少这一部分我不用手工来做。我往丹尼尔的断肢上抹了一点爽身粉，让他的手臂清爽舒服一些。经过一番调整后，两部分终于连起来了，不松不紧，比较舒服。

我让丹尼尔把手臂往前伸，让假肢往正前方指去，然后我对他说他听得懂的“up”英文单词让他抬高。我让他把手肘下没被截去的前臂弯起来，就像你保持上臂稳定不动把前臂往上抬那样的动作。跟你说，虽然我知道肯定没问题的，但我还是紧张地屏住了呼吸。

他的上臂抬上来，放下去；抬上来，放下去。

成了！

沙奇冲过去看哥哥的新手臂。

丹尼尔像寻常人家的孩子一样向弟弟炫耀，操作给他看，还开玩笑地一脑袋撞到弟弟的脑门上。两个人大声地笑了起来。

我工作的速度比之前快多了。之前也就只做过一次，没想到第二次做居然觉得那么简单。那天中午过后没多久，我就把丹尼尔的手装好了。

快午饭时间了。我在手掌上融了一小块矫形塑料，弄了个小小的凹槽，用来放勺子。角度得稍微调整一下，丹尼尔才能把勺子递到嘴边。勺子和手臂的角度都调整好了，可谓万事俱备，只欠午饭。因为激动，我的眼泪往眼眶外涌，我努力控制才没让它们掉下来。

现在不是哭的时候，我心里想。

现在该是好戏开锣的时候。具体地说：午饭时间。

◆

我们来到大伙吃饭的地方，那里已经有一大群人了：菲利普、我们的成员、一些跟菲利普同属那个非政府组织的成员。有人在丹尼尔面前放上一碗炖食，有面包、羊肉和几片南瓜。

饭棚通常都是一个闹哄哄的地方，大伙都在聊天，盘子在大家面前递过来传过去，碰撞声不绝于耳。但当丹尼尔把勺子放到碗上时，整个饭棚彻底安静了下来。

他把勺子抬到嘴边，吃了一口，抬眼看了看大家，笑了。

饭棚瞬间爆发出欢呼声：在丹尼尔四周，大家不约而同地深吸气，鼓掌，难以置信地以手掩嘴，一个身材高壮的黑皮肤女士和一个瘦削的白皮肤男子激动地紧紧抓着对方，拥抱欢呼。这些天以来一直谨慎地观察我，好奇我到底在做什么，怀疑我到底能不能说到做到的人，全都看着我，笑着，似乎在跟我说："干得好，伙计，干得好！"

丹尼尔自己吃饭，跟其他孩子一样，狼吞虎咽地吃得满桌都是。很奇怪，在那一刻，我居然又想起我的孩子来，很想让他们见见丹尼尔，似乎丹尼尔已经是我们家的一分子了似的。

那对我们所有人来讲都是很有意义的一刻。这孩子曾去过乌干达装假肢，却因为那些假肢很不舒服且毫无作用，气得把它们全部往地上摔。而现在，他却给我们回应的是笑。他在……他在自己吃饭！一个非政府组织的人员把一些之前不知谁烤的核仁巧克力饼拿过来。丹尼尔还从未吃过巧克力饼呢。如果一个孩子第一眼见到即

被炸掉双手的丹尼尔第一次用装好的假肢吃饭。

将接到他身上的假肢跟他打招呼的情形，就能把你的心暖化。想象一下，看着那个孩子第一次自己吃饭，第一次尝到核仁巧克力饼的情形，你会有什么感觉。丹尼尔一口气吃了三块巧克力饼。

◆

我们终于知道为什么不能去吉岱尔了：不单是因为那里已经成了交战区，还因为彼得。彼得有多重身份，其中一个身份就是记者，而在苏丹，记者是最不被信任的群体。虽然我们都有记者证，但彼得是当地人最熟悉的那个记者，而且他估计有人想要他的命。于是，在他看来，与其花时间费心神去找出到底是谁、为什么想要他的命，不如干脆谨慎地不跟我们同行了。一旦他退出我们的行动，有关方面便放行了，同意让我们其余人去吉岱尔。彼得的决定从多方面来讲都是明智的，因为他后来染上了严重的疟疾，就算同行也无法在越野车上颠簸 11 个小时。

从伊达出发到吉岱尔的前一天晚上，我终于有时间喘口气休息一下。我在储物室里晃悠着，听着各种声响：非政府组织人员营地里发电机有节奏的低鸣，在黑夜里互相叫唤着的蟋蟀和其他从未见过的虫子的奇怪虫鸣。我让打印机歇一晚。电脑和打印机还是没办法有规律且持续地协作。这么想来，给丹尼尔把假肢做出来了，也是不容易啊。

那天中午没过多久，我们去过丹尼尔的棚屋一趟。他的棚屋在难民营的边缘，所以开车得开一段路。来到一个分岔路口，丹尼尔毫不犹豫地手往那边一指，用发音标准的英语说“那边”。那是我们见面后他说的第一句英语，也几乎可以说是他说的唯一一句话了。在《飞越疯人院》（*One Flew Over the Cuckoo's Nest*）里，麦克墨菲给一个印第安人一块口香糖。那个印第安人应该是不会说话的，却朝他笑了笑，说：“嗯，水果味。”然后两人相视而笑，仿佛共享了什么宇宙大秘密一样。那一刻，我跟丹尼尔之间就有一点那种感觉。我们之间共享了一个大秘密，都知道了一些我们之前不知道的事，也突破了某种隔阂，形成了某种默契，而这一切，靠的就只是简单的两个字：那边。

我们往丹尼尔说的方向开过去，开到路的尽头，然后下车开始用走的，在丹尼尔和沙奇的带路下穿过迷宫一样尘土飞扬的小道，经过数不尽的茅草房。他们的方向感让我们佩服：我们一路走，拐过不知道多少个弯，继续走，经过一个岔路，又一个岔路，左拐，右拐，左拐，所到之处，孩子们都朝我们飞奔过来，一路大喊："白人！白人！"

终于，我们来到想来的地方，两间棚屋连在一起，占地很少。一间是丹尼尔和沙奇的棚屋，一间是他们的叔叔阿姨的。我们先到他们叔叔阿姨的小棚屋去。显然他们事先把地面仔细打扫过了，看起来干净得像高尔夫球场里的沙坑。

我们和他们坐着聊了一阵子，但翻译毕竟是个才学英语没多久的孩子，所以我们的对话都很简短。不过起码能让他们清楚我们在做什么，他们对我们所做的由衷感激。然后我们就去了丹尼尔和沙奇的小棚屋了。茅草覆盖的棚顶，脏脏的地面，三张尼龙床那种结构的床，其实就是四根棍子捆一起当床脚，上面用几根尼龙绳把四块横木绑起来当床垫，床上还有条脏兮兮的小毯子。丹尼尔和沙奇跟另外一个孩子一起住，棚屋里没有大人。据我所知，丹尼尔的爸爸上战场去了，妈妈在喀土穆。至于沙奇的父母在何处，就真的不得而知了。所以棚屋里就住了三个男孩子，乱七八糟的，跟其他男孩的房间没两样，东西扔得到处都是，其中一个角落里堆着他们的全部家当，一些坛坛罐罐、几个塑料杯和厨房用具。那里没什么是他们想带着到吉岱尔去的。所以我们逗留了一阵子，就离开了。

棚屋外聚集了一大群对我们好奇的人们。大家都想见识一下白皮肤的人和那只"魔术手"。有些女孩用树枝做成一些可以甩着玩的东西，有一点像我们小时候玩的那种戴在头上一甩，管子就会发出低低乐声的玩具，这里的女孩做出来的玩具也能甩，也能发出算得上乐声的声音。一位妇女抱着一岁大的小女儿，指着我，让女儿看我，结果小女孩只看了一眼这个奇怪的白皮肤大光头，就像活见鬼一样扯开嗓子尖叫。

但这显然是一整天里最有趣的事了。所有人都笑了，爽朗欢快的笑声混着女孩们从头上甩出来的乐声，是那一刻属于我们的最动听的声乐。我们把丹尼尔带到机械手的世界，而丹尼尔则把我们带进他的世界，把我们带进他们欢笑的世界。

◆

那一晚，在为次日起程做准备收拾打印机的时候，我又想起白天的事。我开始想，到了吉岱尔的医院条件应该会好很多，医院当然是很落后的，但相比这里的环境，那里应该堪比约翰·霍普金斯那样条件过人的大医院了。而且那里还有其他人能帮忙，他们在医疗方面都比我专业得多，这简直就是上天恩赐啊。

但就在这时，我顿了一下：不对，这才是上天的恩赐啊！我经历过的反反复复的这一切。这次行动的技术人员都脱队了，没法同行，让我不得不学着亲力亲为，历经各种艰辛才终于抵达伊达，在本该出发到吉岱尔时又因故没法出发。这一切，突然有一种冥冥中命运已经为我安排好了的感觉。

只要上述的各种挫折有一项未发生，多米诺牌没有全数倒下，我就不需要面对这一次的挑战。我永远不会被逼着硬着头皮去做一些心底默默觉得不可能的事，也永远不会懂要怎么超越障碍。

启动“没有不可能”网站是几个月前的事，不过在那一晚、那一刻，我才成了“没有不可能”信条真正意义上的信奉者。

既然一个像我这样的人都可以为地球另一端的一位截肢者做假肢了，世界上还有什么是不可能的呢？如果你能从这本书里学到些什么，我希望你会深思：如果这个叫米克的人能做到他要想做到的事，那一旦我下定决心要做某事，我又能做到什么呢？

我向你保证，只要你花时间去认真想想，你会找到让自己惊喜的方法。而且说不定，只是说不定，能发现你从未走过的路。或许那里像迷宫一样复杂，或许有数不清的弯路和岔路，但相信我，最后你得到的会让你由衷地觉得一切都是值得的。

◆

吉岱尔医院坐落在山区里，从伊达开车过去大概要 10 个小时，一路颠簸得厉害，而我们就这么在卡车后座让屁股颠了一路。一路上，车道两旁来来往往很多人。往难民营方向走去的人都两手空空的，而从难民营往回走的人则都拿着一包包的食物。就在我想问问这两个方向的队伍到底是怎么一回事的时候，我看到丹尼尔凑过去跟沙奇说了些什么。我实在好奇，忍不住向翻译打听。翻译告诉我：“丹尼尔说，‘沙奇，我刚看到你妈了。’”但他们两人却都那么无动于衷，活像这是很稀松平常的事。我却震惊了，脑海里闪过阿尔贝·加缪的《局外人》（*The Stranger*）里的那段描写。主角说：“妈妈昨天死了。好像是昨天。我不确定。”面对如此重要的事，却如此无动于衷，这很不正常。可这却再一次让我认识到，除非我在这里生活过，除非我经历过这些孩子在这里所经历的，否则，我是不会懂的。经历过那一切后，一切都不可能再按我们所谓的常理来理解。

翻译告诉我，一路上的这些人，大多数是在努巴山区生活的居民，不过他们都在难民营登记过，有一张定量分配卡，每 15 天就能到难民营去领取食物。从家到难民营，单程要 3 天。有带着初生儿或拖着四五岁孩子的妇女，有上了年纪的男人，所有人都为了食物，花 3 天去难民营，再花 3 天回程。偶尔会看到有人骑着摩托车过去，但这里石油昂贵且罕有，所以大部分都是徒步的男女老少，还有背着粮食的驴子。（看到此情此景）我不知道我的孩子们会怎么问我，“爸爸，来，来。”然后让我带他们步行 15 分钟后带他们走。对比沿途这些不得不夜以继日地徒步好几天的孩子们，我内心感慨万千。

看见沙奇的妈妈，丹尼尔也能说得如此云淡风轻，我想或许丹尼尔不会想起要告诉我们他是在哪里长大的。于是，我问丹尼尔：“我们现在距离你的手被炸掉的地方近吗？”丹尼尔闻言看了看四周，然后用一种描述事实的平淡语气回了一个字：“近。”随后朝我们行驶方向的 2 点钟位置指了指。我们继续开了一段时间，然后丹尼尔指了指路边一个地方，我们把车靠边停下。摄影组把摄影器材从卡车上拖下来，打算在那里给丹尼尔拍些照片，毕竟我们这一趟奇妙的行程就是因此而起的。一只巨大的蚱蜢跳上丹尼尔的手臂，但他似乎毫不为意。我问他，是否介意我们到爆炸现场去。我自己倒感觉有一点不自在。但，还是那句，对一个经历过那一切的孩子来说，我的问题似乎是在问他是否介意蚱蜢跳上手臂一样。丹尼尔无所谓地耸耸肩，点头表示没问题，不会介意。

我们经过一堆坟墓，看上去就只是一个个锥形的土堆。爆炸之前丹尼尔就在那里生活。那一片土地已经荒废了。当我们接近丹尼尔曾经住过的房子时，一个女人从里面走了出来，给了丹尼尔一个大大的拥抱。丹尼尔给我们介绍说那是他阿姨，我们聊了一会儿。她不可置信地看着丹尼尔手上的假肢。翻译向她介绍了我们。我得说，我们这么做并不是为了让其他人来感谢我们，可她因为我给她外甥接上了新手臂，一遍又一遍地向我道谢，我这一辈子尚未见过有人像她那样拼命地跟我道谢的。

她陪我们一起去到爆炸的地方。我很紧张，因为这孩子的生活在这里发生了永远无可逆转的改变。我不禁担心这么做是不是犯了

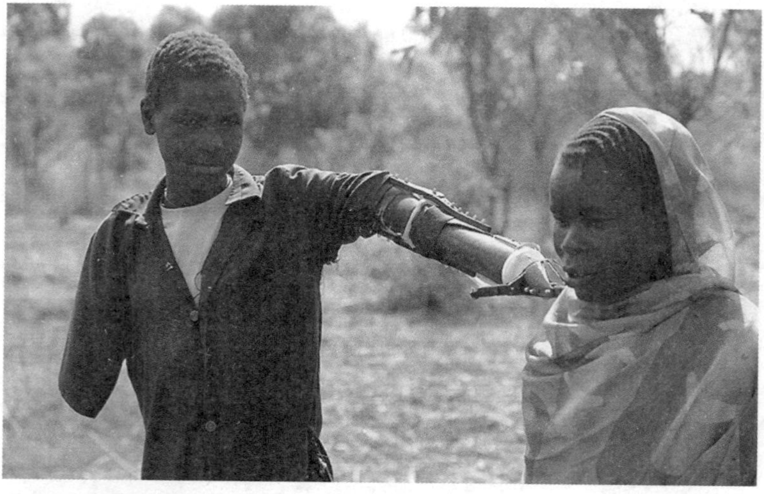

丹尼尔和他的阿姨首次重返那场爆炸的现场。

个很残酷的错误。

丹尼尔往四处看了看，最后指向一处，说："就是那儿。"有那么片刻，他一言不发地盯着，我知道他在努力消化眼前的一切。

我问他："丹尼尔，你现在有什么感觉？"

他看向我，耸了耸肩，像往常一样咕哝了一声，然后碎碎念地说了些什么。翻译跟我传达丹尼尔的话："你老问我有什么感觉。"

"我知道，"我说，"那你现在有什么感觉？"

我其实并不是真的在期待他回答，因为他从来不回答我这个问题。但这一次，他慢慢地又看了一圈，眼半眯着，似乎在回想过去，第一次回忆爆炸之前的生活，那时他的手臂还在，跟家人一起，跟正常人一样无差别地生活。

"生气，"他终于开口说，"我气在这里发生的所有事。"

这或许是他跟我说过的最长的一句话了。他看向我。我能说什么？我什么都说不出来。我们就这么在爆炸现场站着，四目相望却无言。这时，丹尼尔突然发出一阵轻笑，我该料到这种努巴式的反应。不然你还能怎样？看看四周，消化现实，然后笑笑，生活还得继续。

我们又往村庄的屋子那里走去。一个有着一双大手的男人向我们走过来。这个刚刚还在地里劳作的男人，原来是丹尼尔的姨丈。又来了另一位阿姨，她一见丹尼尔，先是愣了一秒，然后歇斯底里地哭着冲他跑过来，一把将他揽到怀里，掐他脸蛋。能跟家人重聚，丹尼尔是开心的，可也跟一个普通青少年一样，难掩那一抹难为情的小尴尬。

我们就那么站着跟他们聊了一个多小时，村子里来了越来越多的人，更多的叔叔、阿姨、朋友。他们在战区也能生活得那么随意，这让我很意外。不少人逃到像伊达那样的难民营去了，但我不知道原来还有那么多人选择留守家园。我问他们，空袭是否还在继续。他们说，是的，但村民们对空袭似乎不是太在意，他们把空袭看得就像不可预知的坏天气一样。他们似乎甚至不太清楚也不太在意，到底为什么会爆发战争，总统是谁，炸弹到底是哪一方阵营扔下的。他们就过自己的生活，想方设法糊口，尽量让自己四肢健全地活下去，别站在炸弹掉下来的地方就好了。

我想起理查德·凡·艾斯给我发的那封邮件，他跟我说我要到这儿来简直就是疯了。或许吧，或许我是疯了。但如果疯了能让我了解到这么多，疯了也不算一件坏事。

是时候继续赶路了。我手臂搭在丹尼尔的肩上，踩着高低不平的地面，往车那边走回去。丹尼尔回头看了一眼，看向在我们背后目送我们离开的所有亲人朋友，然后抬头看向我。他什么都没说，但我能感觉到他的肩膀放松了，一直以来紧绷着的肩膀放松了，虽然只是微不可察的一点点。我试着让自己去相信，他似乎懂得了什么。或许，只是或许，他觉得没问题了，现在就算自己继续活着，也没问题了。

◆

在高低不平的路上颠簸了一路之后，我们终于于凌晨时分左右抵达吉岱尔了，把车驶向几棵树围着的一座又长又矮的 L 型建筑，熄了引擎。手写的英语和阿拉伯字母告诉我们，这里就是欧拜伊德教区的圣母医院。能见到卡丹纳医生本人让我很激动。那一刻他对我来说简直好比一位摇滚巨星，我感觉像是要面见圣人一样。他很亲切、很谦虚，同时又带着一股让人信服的威严。在这样一个地方，跟另一个高大的大光头白皮肤男人面对面，感觉挺奇怪的。卡丹纳医生身材瘦削，戴着一副小小的圆形金属框眼镜，穿着绿色的刷手衣[①]，脖子上挂了个听诊器。医院放了不少小小的帆布床，上面有绿色的毯子，医院墙壁也是普通的绿色，环境就跟我在视频里看到的一样。这里到处都是截肢者，手臂上绑着绷带，其他病患也很多，他们凹陷的面容上皆是满脸的哀伤。

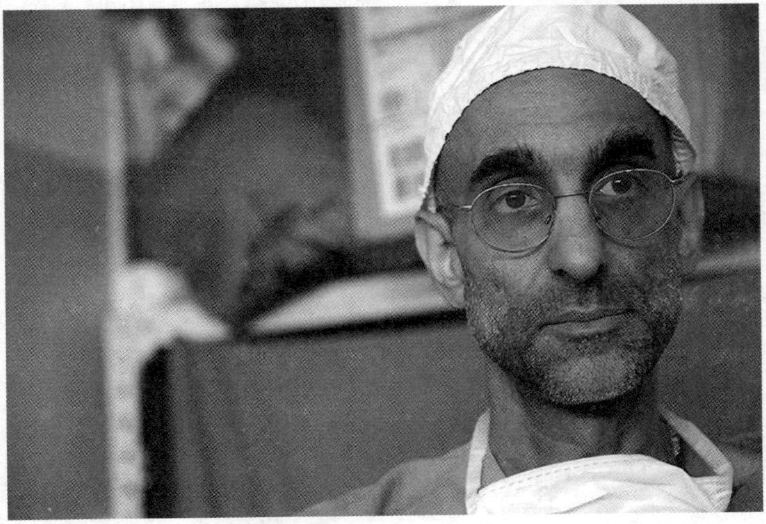

伟大的卡丹纳医生。摄于吉岱尔医院。

① 刷手衣：医生做手术时穿的手术衣，叫刷手衣或洗手衣。——译者注

我们一行 8 人，空余床位只有 3 个，也只能看准地面上哪里有位置就往哪里挤了，不过我们倒是让鼻鼾怪蒂姆独享一个房间。

次日一早，卡丹纳医生就带我们到医院去参观。医院真是人满为患。院舍设计只能容纳 200 张病床，但战争爆发，伤患源源不断地往医院里送，病床墙面上都贴着小纸条，列着数，数字已经排到 400 多了。医院走廊上，还有外面院子里用防水布搭起的临时帐篷和用干草堆起的披棚里，全都挤满了人。患者家属都在院子的地上就那么铺着垫子睡，有一点像陆军野战医院，只不过比那糟糕十倍。一切看起来都是那么的十万火急，所有病人都需要紧急护理。

卡丹纳医生选了一批当地年轻男性跟我学做假肢，让他们跟我们一起来医院。我们在一个与医院职员办公室相连的房间设置仪器，准备上课。

房间挤满了人，除了过来接受我培训的人，这里的人多得好像村子里的所有人都涌了过来似的，都想看一眼神奇的机器。他们不少人连电脑都没见过，也没见过打印机，就更别说是 3D 打印机了。因为停火协议破裂，导致我们的行程被阻，我们原本打算在吉岱尔逗留 14 天的，现在时间只剩下 5 天了。时间不太多了，可要做的事却很多。一天下来，我有好几次不得不清场，因为人实在太多。其中一位村民叫阿基米德，就算我们把其他人都请出去了，他还是赖着不肯走。阿基米德性格开朗，意志坚定，虽然话不多，却很有执行力。

我从最基础的开始教起。比如，这个是钻头，要怎么装钻头；这些是耗材，要怎么往打印机里装耗材，要怎么把 3D 打印机和电

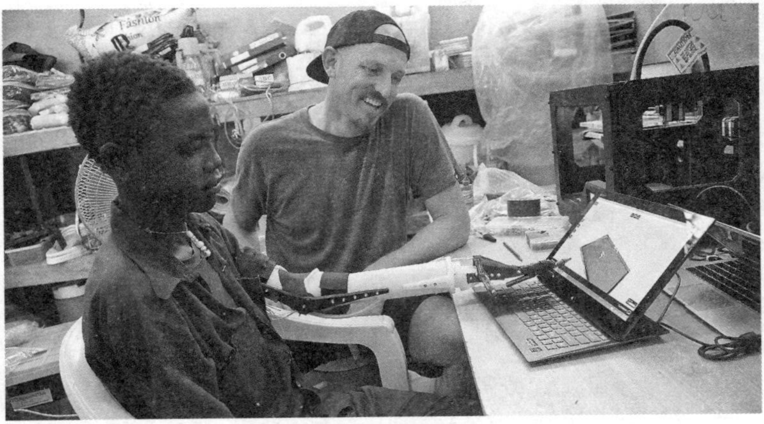

丹尼尔和我坐在电脑前。丹尼尔第一次尝试 3D 打印。

脑连起来，怎么打印出一把梳子，怎么打印出一条手链，怎么打印出一只手臂。

阿基米德还在那儿，我觉得一个那么热心要帮忙的人，必定能成大器。结果他真的成了我们之中最能干的假肢制作者。

这再一次证明，有时获得其他人的谅解比获得其他人的认可来得容易。

我们忙了一整天，丹尼尔是我们的最佳样本。第一天是周六，基本上我们都在教他们最基本的知识。周日做不了什么，因为那天大家不是去教堂，就是走访镇外的亲戚。周一才算是真正切入正题的第一天，虽然进度缓慢却很有成效。他们开始明白要怎么做假肢了。短时间内他们需要吸收很多知识，比如在炭炉上烧水软化矫形塑料，还得使用从未见过的工具。其中一个从未用过电钻的男人被电钻启动吓了一大跳，手一松，把电钻扔到地上，惹得大家哄堂大笑。我们的电脑里有不少美国音乐。这里的人平时都没办法接触流行乐，现在有机会了，自然一遍又一遍地放歌，直到我受不了尖叫为止。我想，谁也受不了听凯莎的歌听一整天吧。

就这样，这些没用过电脑的人，慢慢学会了怎么用 3D 打印机打印假肢。这让人感动。

◆

第二天，我继续授课，感觉非常良好。这时，卡丹纳医生突然冲了进来，说："一个 10 岁的男孩刚入院，一只手臂被炸掉了。"

那个男孩是由他叔叔带过来的，事故发生时叔叔和他在一起。前一天，他们在地里工作时轰炸机飞过，爆炸中男孩 7 岁和 8 岁的弟弟都没能活下来，所幸男孩只是左臂被炸成了碎片。他的手臂用布块裹着，布块已经被血彻底浸染，血也已凝结，显然手是没办法留住了，必须要截肢。他们连夜开车赶路，可车半路抛锚，只得在路边睡了一晚便徒步赶路，今早才抵达医院。

我已经过了惊慌、错愕、恐惧和悲伤的心理阶段，也已下定决心。

卡丹纳医生马上过去进行截肢手术，看着他转身又走出去，我心里想，要是我的贡献能有他的十分之一，哪怕只有百分之一、千分之一，那一切就都值了。那个男孩要装上假肢还需要等好几个月，但他一定能装上的。现在坐在这里上课的年轻人会给他装上的，只是到他们为男孩做假肢时我已经没办法在现场协助，他们得亲自解决所有问题，亲手为男孩做假肢。

所以我把脑海里的一切杂念清空，只留下我要跟学生们共享的唯一一个念头。“各位，我们继续上课，”我说，“开始打印手臂。”

◆

到那周的周三，他们遭遇过数不清的疑问，提出过数不清的问题，犯过数不清的失误，有过数不清的失败之后，但终于做到了。他们为丹尼尔做了一只新手。

让我再重申一遍：他们！我的学生！之前连 3D 打印机都没见过的我的学生，却给丹尼尔做出了一只新手！

我们一直都说，“授人以鱼，不如授之以渔”，也就是说，让对方仅够果腹一天，不如让对方学会自力更生。现在我们教会了这些年轻人制作假肢。这意味着，不仅仅是丹尼尔，往后在这医院里更多的截肢者都能因此受益，难以置信！“助一，助众！”来这里，我们的目标是给丹尼尔做只手，这就是所谓的“助一”，但我们所希望的，当然是想办法让这个公益项目能持续下去，日复一日地，在我们离开后，也能做出一只又一只假肢来帮更多的人，也就是完成“助众”的愿望。

如今，完成了一只机械手之后，目标已经近在咫尺了。

他们做出来的假肢还真不错，甚至比我在伊达那里笨手笨脚做出来的那只还要好。傍晚，丹尼尔终于能重新试用新做出来的假肢了。虽然所有人都很期待，但大家情绪都不怎么好。天气很热，大家都累了，机器也一如既往在高温下不太合作，我连他们如常的一天三次茶点休息时间都砍掉了。所有人情绪都暴躁得很。

卡丹纳医生走进来时，丹尼尔正好坐在桌子上，试着新手臂。我看了眼桌子上放着的一卷绷带，不顾丹尼尔糟糕的情绪，让他把绷带拿起来递给卡丹纳医生。

丹尼尔身子往前倾，伸出手臂，这是他第一次用这只新手臂去抓东西。他的手臂往下伸去，手指部位往绷带卷一抓，慢慢地，慢慢地，把绷带卷捡了起来，然后手往后一收，瞄准卡丹纳医生的腹腔，像橄榄球手一样投出既快又准的一球。

卡丹纳医生当年可是常春藤盟校布朗大学橄榄球队的正绊锋[①]，还入选过常春藤盟校名人堂呢，可我不认为当年布朗大学体育馆的欢呼声比丹尼尔向卡丹纳医生完美传球后房间里爆发出的欢呼声更震耳欲聋。

那一刻，只有欢愉和兴奋。丹尼尔的嘴都快要裂到耳根子了，露出特别灿烂的笑容。我们都要丹尼尔给我们传球，他给几乎每一个人都抛东西。可惜我没抓好，看来我的手没之前灵活了。

当天传球纪录，丹尼尔，7 个球里成功传出去了 6 个。

当天丹尼尔项目的纪录：达阵[②]！

◆

在吉岱尔的最后一个晚上，我得知几天前因为手臂被炸掉而送进医院的那个 10 岁男孩手臂自手肘上方开始就被截掉了。不由地，

---

① 正绊锋：又称中擒卫，英文为 nose tackle 或者 nose guard，橄榄球赛里属于防守组，负责防守线中央的防守工作。——译者注

② 达阵：又称“触地得分”，是橄榄球赛里得分最高的方式。——译者注

我的心情有些沉重，因为我们现在只能帮那种手肘还没被截掉的孩子做假肢。而就在那一刻，我又向自己许下一个诺言：我还会回到这里，而下一次再来的时候，我们会研究出怎么给连手肘也被截掉的孩子做假肢的方法。

我往吃饭的地方走去，一边走，一边目视远方。夜幕低垂。下一次，我心里默默地想，下一次我就要做到！

下一次，事情还未发生，但我在跟自己说这些话的时候用的是过去时的语态，像我已经把事情做到了，事情已经发生了一样。因为，在我的脑海里，我是已经做到了的。

◆

离开吉岱尔时，我的内心五味杂陈。越野车在满是车轮轧痕的路上颠簸着，我这才有机会细心观察四周。一切看起来都那么美：这里的人美，风景也美。沙土色的建筑上亮眼的蓝色和绿色的门，很美。在我离开吉岱尔时，大家给我的拥抱，很美。为了表示对我们的满心感激而要塞给我们一整箩筐土豆、胡椒和香料的清洁工女士，很美。在黝黑皮肤上被映衬得愈加洁白的牙齿，很美。特别是不久前还生无可恋巴不得一死的男孩，现在却能拿起绷带卷当橄榄球给所有人抛球，咧嘴而笑时露出一排洁白的牙齿，更美。这一趟行程一路上风风火火的，我多么希望，可以做更多的事，捐更多的钱，投入更多的时间，教更多的人制作更多的假肢。

在我跟丹尼尔道别时，他给了我一个大大的拥抱，好像我没被人拥抱过似的。他那双小小的上臂把我往他身上一揽，紧紧贴在我后背上。我几乎要哭了，就在几天前，他还是那么绝望又排外的男孩，如今却已对我敞开了心扉。车子发动，我动身了，心里满满的担忧，怕我可能永远也不会再见到他，但同时，心中也默默下定了一个决心。不过，非洲是一个不可预测的地方，所以我才那么郑重其事地跟他们道别。车子才开没多久，我就已经开始深深想念丹尼尔和沙奇了。回到美国之后，有时连续几周都没有卡丹纳医生的音讯，无法得知他们的近况，每次收到卡丹纳医生回信前，我都默默祈祷，愿他们一切安好。

离别的那天一大清早，我跟卡丹纳医生一起去做弥撒。这些天有好几次我都跟他一起去。爸爸还在世的时候也是每天去做弥撒，长大一点我也跟爸爸一块去，所以跟卡丹纳医生一起去做弥撒，对我来说也有着不一般的意义。天还黑的时候，我们就出门了，经过河床，越过一条冲沟，来到一座简单却温馨的教堂。已经有七八个人在那里等着了，牧师过来会用英语进行简短的仪式。很怀旧的感觉，让我想起跟爸爸一起生活的那段日子。我也很享受在其他人起床之前的那段时间，在一天开始忙碌和疯狂之前属于自己的时间，可以让我安静地思考。其实，让我去教堂的，更确切地讲，是一种凌驾于个人之上的存在，也可以说那是一种力量。不管你的宗教信仰是什么，不管在你的宗教信仰里那种力量有什么称谓，那种力量能让你谦恭，让你为了更美好的未来努力，让你感恩你所拥有的一切。在这些感觉当中开始新的一天，感觉是很美好的，能让我一整天都态度谦恭，感恩所有，并心存希望。

弥撒后，我们又回到医院。在我们准备起程时，医院的一天已经开始忙碌起来了。停火协议在我们抵达吉岱尔之前就已经破裂。就在我们离开前，满满一车的伤兵被送到医院。我们在那时离开，或许也是个明智的选择。一路上经过检查站，我们都被拦截要求检查，能不能放行是检查站士兵检查后说了算，我们一边接受检查，一边听着远处传来的枪声和爆炸声。

我们经过每一个检查站都会遭到拦截，苏丹人民解放军为我们安排的向导约舒华每一次都会被检查兵紧紧压在车上全身搜查。我们则是一边被搜，一边求放行。大概是在第六个检查站时，我看到两个士兵，坐在一棵粗壮的猴面包树下，面无表情地看着在他们面前经过的一群鸡，看起来很平静。但他们随时都有可能有生命危险，甚至死亡。

我不敢去想，我们其实也没有分别。我努力把这种想法清理出脑海。可在每个检查站，都有人想要上我们的车，因为那些人把我们视为逃离的出路：你能在他们眼里看到希望和绝望，你深知，这不是普通的搭个便车而已，这些人都是为自己性命担忧的人。所以，只要车上还能坐人，还有空间，我们都尽量让他们上车。

我们把油门踩到底，想在傍晚 6 点南苏丹的边境关闭前过关，但车上人太多，踩尽油门也没法开得快。甚至有一度我们车顶上坐了 2 个人，前排挤了 3 个人，后排还挤着 8 个。那个晚上我们在伊达难民营和菲利普住了一晚，第二天一早便搭飞机飞返朱巴。飞机起飞时，我心底似乎有些什么一下子释放了出来。一路上为了要专心去做我们要做的事而努力控制着的情感，一下子完全释放，一瞬间把我淹没。但那不是悲伤，不是因为看到那么多人在受苦受难而为他们感到的痛苦，而是为他们积极乐观的人生态度所震撼。他们对人类精神的信任，对人类改变现状的能力的信任，对他们自己聪明才智的信任，对他们自己面对困难逆境时生存能力的信任。

我相信科技，相信人类能把科技用于有利于人道事业发展的方面，相信人类能学会善用科技。我也相信，任何一个想要让世界变得更美好的人都会为了这目标而努力。

我为自己改变了几个人的人生而感到自豪。但我更因为他们大大地改变了我的人生而感到荣幸和幸运。我知道回到美国后，一切都会变得不再一样了。

我发誓我不会是一个烦人的老爸，我不会为了让儿子们觉得他们活在发达国家是有多幸运而跟他们念叨："把蔬菜都吃完！你们知道吗，在非洲可是连鸡都得饿着肚子呢！"这不是这一趟行程的意义所在。

这次行程的意义也不是仅仅学会感恩我们所拥有的，而是学会感恩我们能做到的一切。

而我好奇，也等不及去发掘，我们还能做到什么。

第十四章
让你早起的动力是什么？

我们离开苏丹的班机不是最后一班，但也差不多是后几班了。到家那天刚好是感恩节前的那个周一。几个星期后，苏丹演变成了一个人间炼狱，除了南北苏丹的冲突，南苏丹内部可怕的对抗简直就是雪上加霜。南苏丹内部对立的丁卡族与努尔族在对抗奥玛尔·巴希尔和苏丹共和国的喀土穆政府时曾好不容易形成了一道联合阵线，但这道阵线随时都有破裂的可能。2011 年南苏丹宣布独立后，两个族群之间的冲突马上加剧，并于 2013 年 12 月 15 日全面发展成内战，仅仅几天时间便吞噬了数千人的生命。

几周内，就有超过万人逃离了南苏丹。在南苏丹饱受内战摧残的同时，巴希尔总统下令继续空袭边境的叛军控制区。空袭强度升级：巴希尔政府看准南苏丹动荡的局势，在全世界都把视线集中在南苏丹内战的时候，加强了对叛军控制区[①]的轰炸。联合国工作人员也被困在冲突区，他们已无力自保，更遑论救助伊达难民营的难民了。之后，局势恶化，最终驻伊达的人道援助工作者全部撤离。

① 叛军控制区：努巴山脉地处苏丹共和国的中南部，与南苏丹共和国接壤。苏丹人民解放军在南苏丹独立后成为南苏丹的执政党，但在苏丹人民解放军当中为南苏丹独立做出贡献的北方人不能加入南苏丹国籍，为此成立了苏丹人民解放军（北方局），继续留在北苏丹，控制着努巴山脉地区，演变成为苏丹共和国境内的反政府武装。——译者注

我当时在威尼斯海滩，在舒适的家里跟进当地事态发展，妻儿都在身旁。白天，我们回归美满寻常的生活。晚上，我做噩梦了。我梦到丹尼尔。细节我不记得了，我只记得梦里的我只有担惊受怕，然后浑身冷汗地从梦中惊醒。第二天一早，我试着和我在苏丹的联系人联系，看看丹尼尔的近况如何。但那边世界已经一片混乱，要花时间或找到方法给在遥远的美国加州舒舒服服生活着的人确认一个孩子是否还活得好好的，不是一件容易的事。我想方设法得到一点他的消息，说丹尼尔在新爆发的冲突中活了下来，但这些零星的消息却没法平息我夜里的噩梦。

有一次，我和负责伊达教区的菲利普取得联系，我们通过 Skype 视频通话。他看起来十分慌张，跟我说着一起又一起骇人听闻的残暴的恶行：无辜的妇女在他面前被杀，男人被斩首，婴儿也被枪杀，有一次一个男人为了逃脱叛军的追捕而躲进菲利普的营地，所有人被吓得大气都不敢喘一下，因为一旦这个男人被叛军发现，他们所有人都得陪葬。

我还在和菲利普说话，视频突然中断，只剩下我一个人呆呆地盯着眼前的电脑屏幕。我起身，脑袋一片空白地在房子里漫无目的地徘徊，一个字也说不出来。好多天，尽管我努力不让家人发现，但我其实已经处于创伤后应激障碍[①]的状态了。我看所有事物都变得不一样了——食物、水、人自身的健康，一切我们认为理所当然

① 创伤后应激障碍：又称延迟性心因性反应，是指对创伤等严重应激因素的一种异常的精神反应。——译者注

的东西都变得不一样了。就连冲个厕所，或打开水龙头看着水被白白浪费，我都会感到害怕。你看过有人徒步多天——多天！就只是为了一壶水，而你却拧开水龙头心不在焉地让水白白地流走而没有一点想法，真是非常的、彻底的、完全的不可理喻。

有一位朋友曾经这样跟我形容伤痛的感觉：假设一个只有一根钢丝辐条的自行车轮胎，你将轮胎平放着转起来，每转一圈，辐条就会从你眼前经过一次，看着圆心，辐条经过的次数会很频密，但越往轮胎边缘看，辐条经过的频率就会越低。这条辐条就好比你的悲伤。每一次转动轮胎，你都会感受到那份悲伤，感觉都是那么强烈，倘若你的注意力集中在边缘，这种感觉的频率也会渐渐降低。

第一次听到这种对哀伤的描述，是在我爸爸去世之后，而这种形容也很贴切地描述了我的感受。每次想起他，我都有很强烈的情绪，但后来，一波又一波愧疚感向我袭来，我愧疚是因为我不时地发现，我已经有好一会儿没想起他来了。朋友开解我，让我不要感到愧疚——那一波又一波的情绪，是我们面对悲痛哀伤时自然的心理发展历程。

现在我对远在苏丹的朋友们，就有这种感觉。每当想起他们，我就会因为他们的遭遇而涌起强烈的哀切和伤痛，但日子一天天地过去，我想起他们的次数在减少。随后，我会因为意识到自己注意力转移而产生一波愧疚感，好像只要能想起他们就能保护他们一样。

或许吧。

第十四章　让你早起的动力是什么？

我因为一切而感到愧疚。我们离开后便在伊达全职聘请了一位叫亚历山大的年轻人在当地继续丹尼尔项目的工作。我们本打算在伊达给他开一家店，方便他继续制作假肢。可当所有人员被迫从伊达撤离之后，他就什么都没有了。我们给了他希望，给了他工作的希望，给了他有目标有动力的生活的希望，给了他拥有乐土的希望，结果一切希望都在一瞬间灰飞烟灭。但是这并非我们的本意。不管是对 Tempt，对身处苏丹的各位，对任何人，一直以来我们都很留意，尽可能不去播种一些我们能力之外的希望。可现在，我们竟对亚历山大那么做了。现在我要出门去买杯奶昔，可他却什么都没有，一无所有！一！无！所！有！

该死！

还好有两件事让我从恐惧中振作起来。

一是我的儿子们。你总不能摆着一张苦瓜脸对着放学回家的孩子吧。你会换上开开心心的表情，问他们，嘿，小伙计们，今天过得怎么样？让他们叽叽喳喳打打闹闹来分散你的注意力，让你对他们的爱冲洗你的内心，就这么放任自己沉醉在对他们的爱里。有时候，这样便足够了。这样便帮了我的大忙。

二是“没有不可能”已经可以独立运作了。在我出发前往苏丹之前，没有不可能实验室里开展的各个项目就已经开始逐渐成形并步入正轨。尽管眼神书写器项目又有一个问题浮出水面，但也正是那个问题把我们引入下一阶段的发明创作。

Tempt 没办法再用眼神书写器了，他的病情已经恶化到不能快速眨眼的程度。而不能完成快速眨眼的动作，就意味着无法操作眼神书写器。那对我们来讲是一大打击。

愿上帝保佑Tobii公司的相关人员，是他们给Tempt捐赠了一台更新型的功能更好的仪器。跟之前的那款一样，Tobii公司提供的设备不需要像我们研发的眼神书写器那样必须“眨眼”，Tempt只要盯着就行。像MyTobii设备一样，使用者的视线停在某一个字母上一段时间，设备的光标便会默认成点击。

Tempt的故事已经引起社会的广泛关注，其实此时我们若要给他找到可以解决问题的昂贵的商业设备，也应该不成问题。但那不是我们的目标。我们的目标——现在也是Tempt的目标——是“助一，助众”。我们希望找到方法突破眼神书写器目前的技术限制，这么做不仅仅是为了Tempt，还是为了千千万万有这种需要的人。

我们尝试给眼神书写器进行各种调适和校准，却依然无法成功。如果我们无法对外公开事情进展，无法将眼神书写器的制作源代码开源，那么眼神书写器的故事就只能到此为止了。

然而，还没到该画上句号的时候。

◆

安大略省伦敦市，从加拿大多伦多出发就两小时车程的地方，住着一个在通用汽车任软件工程师的年轻人贾韦德·刚杰。一天晚上，这个年轻人有点无聊地在网上随手点着，无意间看到一个人高马大的光头白人男子在TED论坛上讲着眼神书写器和一位涂鸦艺术家的故事，说这眼神书写器怎么让这位涂鸦艺术家重新画画。演讲将近结束时，这高大的光头白人男子还说了句："若非此时，更待何时？舍我，其谁？"

此时，这个想法在这个年轻的软件设计师灵魂深处引起了强烈的共鸣。

于是，贾韦德·刚杰开始了他的"没有不可能"之旅。2011年7月，贾韦德在看完我的TED演讲之后给我们发了封邮件，说他是电机工程的本科毕业生，问我们他可以帮忙做什么。我们给他回了邮件，跟他说，我们正在组建一支志愿者团队，研究怎么帮Tempt解决继续涂鸦的问题。

你永远不知道其他人是怎么被影响的。一开始他们或许会满腔热情，但随着时间的推移，激情渐退，曾经热切帮忙的意愿或许会减弱。或者，像我那样，得经过一段时日才会真正受到刺激，开始采取行动。但贾韦德不同，他马上就有了动力。而且他还马上决定为了帮助Tempt去做他需要做的第一件事：重返校园。

如果你想知道怎么才能让人在一个项目上花大量的时间和精力，你首先要知道的，是他们的动力是什么。职场上，人们的动力通常都是钱，但钱不是唯一的动力，往往也不是最佳的动力。"没有不可能"概念的美妙之处就在于我们不需要去激励大家什么，我们只需要把问题摆出来，等着已经动力十足的人们找上门。像贾韦德的这种情况，他已经觉得工作有些无聊了，但他做的事就是他的热情所在，他命中注定要干的事，是他希望余生都为之投入、付出的事。那就是他的动力：他要想方设法让这命中注定的事变得对他自己而言更有意义。眼神书写器项目正好为他提供了这种意义。

贾韦德重返校园去学习更多工程技术所需要的机械技术，他把眼神书写器作为所有课程的命题，比如，在成像的课程上，他把眼神书写器作为课程项目的研究课题，要做出一个全新的、功能性更佳的眼神书写器。所以学校的实验室无条件地为他全程开放，这么一来，也就等于随便我们用了。

不到一个月，贾韦德就自己做了个他独创的眼神书写器，而且马上他又想到怎么进一步改良。首先他要做的就是把眼神书写器简化。他决定要通过我说的“妈妈手工测试”（任何一位妈妈都能做出一个），只不过他要把事情做到极致。他尝试用家里能找到的东西来做眼神书写器，于是挑战自己用衣架来做镜框。

酷！居然行得通！

接下来，他要把我们的照明系统简化。他觉得给眼球打光不需要四个红外线灯泡，只要日光就行了。于是，他把红外线灯泡都关掉，把眼镜转向窗户。

酷！居然行得通！

他在学校走廊里顺手摘了个普通的日光灯灯泡装到设备上，居然也行。不知不觉间，他不需要 70 美元，仅仅用 14 美元就做出一个眼神书写器。

当然，那对 Tempt 来说还是没什么帮助。不过那是一个不错的开始，而且更重要的是，那是颗希望的种子。当他的一些同学知道他在做什么之后，都很感兴趣。这样，我们忽然间就多了一个小型智库。

小智库继续下一个阶段的研究。

Tobii 公司提供的新设备所带的看着字母一段时间进行录入的方式不适用于眼神书写器绘图程序。贾韦德就采用另一个开源的程序。但不幸的是，新问题不断产生。而且，正是那种用盯着来识别录入的方法成了问题所在。

盯看的功能设置好比是“迈达斯点金术[①]”——迈达斯国王所碰一切皆成金子，而 Tempt 被诅咒了——有时，他只是在看一些东西，电脑却默认成点击。迈达斯国王需要控制他点物成金的功能——把铅变成金子，但不能把妻子变成金子。而 Tempt 则需要控制鼠标功能的开关。只是用盯的这种概念，太粗糙，精确度并不高，也不自然，导致作用不大。尽管 Tempt 已经习惯了用 Tobii 公司的新设备打字与大家交流，但速度依然慢得让人沮丧。

而且他的眼部肌肉越来越虚弱，没有人知道他还能继续使用“盯”的功能多久。而解决方法，如果有的话（现在你应该知道，我永远相信办法是有的）肯定不是用眼。贾韦德找到了解决问题的办法：Tempt 的大脑。

贾韦德说，他的大脑依然在运作，我们怎么就不去利用呢？

就是那一刻，贾韦德把这个想法“点石成金”了。

---

① 迈达斯点金术：迈达斯是希腊神话里的弗里吉亚国王，称“迈达斯王”或“迈达斯国王”，获酒神狄俄倪索斯赐点金术，所碰之物皆成金子。——译者注

◆

那一天小智库讨论过后，我跟贾韦德聊天，他问我，能不能给他拨资购买一台意念控制器[①]。那是他在另一场TED演讲里看到的一款商业设备。它可以记录脑电波，是一款低成本的脑电图描记仪。

进行测试时，他们用一些普通的束线带、塑胶和一块木头把意念控制器连到眼神书写器上。

酷！居然行得通！这样一来，一切就顺手起来了。我们把这个

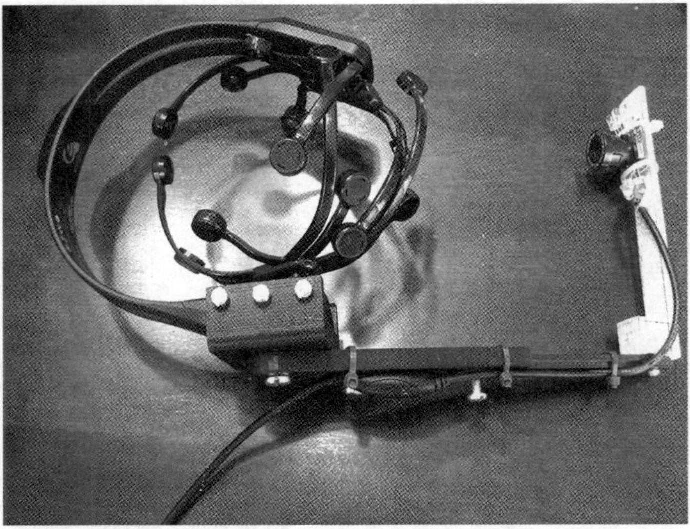

贾韦德制作的粗糙版意念控制器。

① 意念控制器：英文全称为Emotiv Epoc，是由美国神经科技公司推出的附有电极的帽子，让使用者可以通过大脑控制电脑。——译者注

看起来像科学怪人的设备叫脑书写器（BrainWriter），而且刻不容缓地对它进行改良。我们一开始就定好目标，把“眨眼”转为“念想”，并向着这个目标进发。

贾韦德拜访了当地一家癌症研究实验室。实验室有一台 3D 打印机。他向实验室的人解释过他在做的事后，实验室的人便同意把 3D 打印机借给他。于是，在一些朋友的帮忙下，用了短短几天的时间，他设计并打印出了可以连接意念控制器和眼神书写器的支架。现在只需要简单地把电路连上，你就能通过眼球来移动光标，然后大脑一声令下，“点击”，就行了。

但你怎么让你的大脑用一种意念控制器系统可以明白的方式下令“点击”呢？

不是用说的。方法很简单。人的头颅表层会有各种电流活动，通过脑电图描记仪便能够检测到它们。一开始就像收音机随机接收静电波一样。但当你集中意识去想些什么的时候，大脑就会发出一股小小的电脉冲，具体想要做什么事的话，会让那股电脉冲具有独一无二的特征。这当中的窍门，就是要识别那独一无二的特征。比方说，“咬紧牙关”，在你尝试做这个动作时，你的大脑就会形成一股独一无二的电脉冲，而“把双手一拍”这一个动作，就会形成另外一种特征的电脉冲。这样，我们就有了两个可以让脑电图描记仪识别的脑电波了，我们就可以把其中一个功能设置为“点击鼠标”了。就算你不能咬紧牙关（Tempt 就没办法），但单是尝试咬紧牙关，就算动作不成功，也能产生一股独一无二的脑电波让脑电图描记仪去识别。我们只要找出使用者某个可以一再产生同一股独一无二的脑电波的行为就行了。这个操控也可以是想着“香蕉”或者“袋鼠”这种单词。只要是要操控的时候找对念想，就可以点击鼠标了。

理论上，这当然是非常好的。但实验室和现实生活可能还存在一定距离。所以，现在是时候把贾韦德的理论、他的眼神书写器、意念控制器和他的衣架、胶带什么的，全部带到现实世界里去。

是时候让贾韦德去见见 Tempt 了。

◆

踏进 Tempt 的病房时，贾韦德很紧张，跟我第一次见 Tempt 的时候一样。但就算是在瘫痪的状态下，Tempt 也能散发出优雅大方的气度，让来访者感受到他的放松和自信。Tempt 通过眼动仪设备跟贾韦德简单地打了声招呼：“嗨，伙计，你好吗？”他那种平静自然的感觉，贾韦德形容说是“一种无法解释的能量”，让贾韦德马上放松了下来，并埋头开始办正事。

贾韦德首先装好他做的眼神书写器，但什么反应也没有。你能看出贾韦德急得都汗流浃背了，但除了给他时间和空间外，我们什么忙也帮不了。

但他就是装不好。我们把 Tempt 的新一代眼球追踪设备移开，为了让贾韦德有足够空间装上眼神书写器，所以 Tempt 说不了话，不过你能感觉到他的内心在微笑，而且几乎能听到他脑海里在想什么：喂，高手，遇到麻烦了？一个字也不用说就能开你玩笑，还真是神奇。贾韦德与 Tempt 对视了一眼，就那么一秒，他就知道 Tempt 在开他玩笑，也忍不住笑了起来。

贾韦德忙了一个下午，护工帮 Tempt 把眼球追踪设备重新接上。他们两人一点一滴地开始聊起来，就像好久不见的老朋友一样熟悉自然。他们之间的默契让人感动。两人开始天南地北地闲扯，人生、政治、体育……什么都聊。然后，贾韦德开始讲他为什么觉得工作不称心，Tempt 说："我猜是他们给你不俗的工资让你舍不得走吧？" Tempt 的这一句话，让贾韦德突然顿下了手上的动作。之后贾韦德告诉我，Tempt 真的让他开始深刻反省，他自己为什么还会继续在通用汽车工作，而且那一次的对话更加坚定了他继续深造的决心。对贾韦德来说，那是很鼓舞人心的一刻。

Tempt 就是拥有影响其他人的能力。

Tempt 还问起贾韦德喜欢吃哪一家的墨西哥玉米煎饼。结果，贾韦德却说从没吃过墨西哥煎饼！Tempt 的眼睛睁得像乒乓球一样大，之后房间里最重要的问题突然就变成了贾韦德要去哪里吃墨西哥煎饼。Tempt 多么希望贾韦德能去尝尝墨西哥煎饼的美味，去体验自己再也没办法体验的事，这让贾韦德非常感慨。那么纯粹的善意，那么纯粹的自私，这让贾韦德感到自己的渺小。

Tempt 就是拥有影响其他人的能力。

结果那一天下来，贾韦德还是没办法让他的眼神书写器正常运作，这让他非常沮丧。那晚上他到我家里来做客，我给他打气——像我这样受过各种挫折的人对于怎么让其他人把失败看作是下一步的开始而不是最后的一步，应该还算是很在行的。贾韦德心情平静下来后，我们便谨慎地审视每一个步骤，查找问题所在。次日，又回到 Tempt 的病房里，我们知道问题的症结所在了。Tempt 用于沟通的眼球追踪设备里有磁石，因为它和贾韦德的眼神书写器的摄像头很接近，磁场对眼神书写器产生了干扰。

贾韦德让眼神书写器运作起来了，然后接上另一半设备——脑电图描记仪意念控制器。但这却让问题更加头痛，实实在在的头痛。整套装备戴起来让 Tempt 很不舒服，位置怎么调都调不对，更别说想让设备正常运作。我们都很沮丧。所有人都觉得，得从头由设计做起。

不过这一次，贾韦德不再是孤军奋战了。

我的朋友大卫·普奇诺，就是来自澳大利亚的那位世界级脑科学家和理疗师，在我们把他拽过来丹尼尔项目时，他正好在做着我们另一个没有不可能的项目。不过在我启程前往苏丹之前，他就已经开始和贾韦德合力研究脑书写器了。

在认识大卫的几个月以前，大卫和他的一位朋友在外面喝东西的时候（很神奇，真的，这些事怎么都从“他和朋友在外面喝东西”开始），听说加拿大有个男人正在研究怎么通过脑电图描记仪和眼球追踪设备让一个全身瘫痪的肌萎缩侧索硬化症的艺术家重拾画笔。

“听起来正是你的老本行啊，”大卫的朋友说，“你该给他打个电话。”

多少次有人在酒吧里跟你说：“嘿，我知道有人在做着跟你差不多的事，你要不要给他打个电话？”经常。但又有多少次你真的会去打电话呢？不多。

可在这个“没有不可能”的世界里，有多少次是因为有人打了这种电话，事情才得以持续发展的？很多次！

大卫第一次给贾韦德打电话，用大卫的话来形容，他们简直就是相识恨晚，一拍即合。

“在科学的世界里工作，基本上你会碰到两种人，说‘行’的人和说‘不行’的人，”大卫后来这么说，“总有那么一些持怀疑论的搞科学的人，说这做不了那做不了，在你面前扔几块拦路石，还抱怨个没完没了。剩下的就是像我和贾韦德这一类人，嘴上说着这是彻底不可行的，但却会去尝试，并让它变得可行。”

当你把两个脑回路同样是“先说了咱们去干，再去想办法怎么干”的人凑到一起，就会发生有趣的事。要是再加一点酒精就更奇妙了。

“说实在的，”大卫补充说，“这个故事里泡了大量酒精。”

故事是这样的：在大卫和贾韦德第一次谈话之后的几个星期，大卫的哥哥吉诺正好也在，吉诺又正好是一名电机工程师，于是那一天晚上，他们几个就聊开了。如果脑电图描记仪戴起来不舒服，那有什么是既舒服又不贵的呢？答案基本上是，没有。于是他们又斟了一杯，说：“我们就从头开始干起吧。”

一些廉价的电极线和一些导电布，就等于是脑电图描记仪的基本设备了，但还需要想办法把电极连到患者的脑袋上。那天凌晨酒精发挥了作用，他们想出了一个点子，决定用袜子。

正如大卫所说，这故事可是泡了大量酒精的。

他们用魔术贴把电极线贴在袜子上，勾着擀面板（可谓是居家简易版电路板），下载一个免费的音频记录程序，然后把这个临时拼起来的脑电图描记仪插进电脑的音效输出孔，就是你插耳机的地方。整件事看起来就像个初中三年级学生的科学项目。

他们把袜子绑到大卫头上试验，看看能否接收到任何信号。

酷！居然行得通！

要修复的漏洞当然还有很多——让电极线忽略背景杂音就已经很困难了——但在安静的房间里，在脑门上戴一只电袜（我打赌没有人写过这么奇怪的名词），大卫做了个简单的测试——眨眼。

吉诺看着电脑屏幕，上面可以清楚地在大卫眨眼的时候捕捉到一个明显的、反复的、可识别的脑电波信号。

你无法想象当时的那种激动。大半夜的几个从未做过脑电波描记仪的男人居然自己研究了一个出来！我不会低估这项任务的不可能程度：一个专门报道这方面新闻的记者拒绝写关于脑书写器的报道，因为已经有不少人尝试过把脑电图描记仪接上各种各样的设备使用，但在这条满是荆棘的路上，他说是“尸横遍野”，很少有人成功。然而，大卫他们几个却在一个厨房里，把玩着一堆电线和电极线，轻而易举地就撞开了梦的入口。

“那一刻有点疯狂，但那可是真实的！威士忌是少不了的，”大卫说，“在那种情况下，可能是威士忌把狂喜的感觉夸大了。但能成功真的让我们非常非常兴奋。”

凌晨3点，在自家厨房里做出一些有反应的东西，跟做出一台在现实生活中真的能为人提供帮助的设备，是完全两回事。但背景杂音的问题还没得到解决。其实这不是真正的声音——电极线不是真正的耳机，但它们正在接收电波信号，而在任何环境下，各种东西都在发出次声频电波信号。也就是说，不管你往音效输出孔里插入什么东西，都会发出大约60赫兹的声音。这么低频的声音你虽然听不见，却是存在的。

另外，环境运动也是个问题。因为任何细小的运动都会产生摩擦进而发出信号，导致检测系统在操作过程中受干扰，从而使脑电图描记仪无法准确运作。而在这种情况下，Tempt的瘫痪却成了极大的优势，因为他不能做的事太多了，但有一件事他却能做到极致——虽说是无奈的事——一动不动地躺着。

接下来的几个月，在我远在苏丹的时候，贾韦德和大卫进一步改良了脑书写器的系统和设备。首先，他们用运动头带来代替旧袜子；其次，用传统的商业感应器代替大卫用泡沫和导电布做的粗糙版的感应器；最后，通过开源的平台制作出一个很棒的电路板，换下临时上阵的擀面板。

这时，我们还没让Tempt测试新系统，但很快了。

为Tempt忙里忙外的时候，大卫和贾韦德经常被其他人问到一个我也一直被问的问题："你做这些到底是为了什么？"

"嗯……因为这让我每天都一大早起床！"贾韦德后来回忆说，"让我说其他的我也不知道说什么。跟你说，我岳父母住的那条街附近，有一个叫堂的男人，肌萎缩侧索硬化症患者，但他没办法向政府申请一台眼球追踪设备，因为在加拿大，我们的医保都是全保的，想要台眼球追踪设备的人多着呢，都在排着队等着，可是我们甚至不确定他能不能活到等到的那一刻。所以，我就给他特制了一款软件。靠那款软件，他们夫妻俩能一起庆祝结婚25周年了！他们在一起的画面，他们彼此之间的爱真的很感人。而且他们还跟我说，想再宣一遍誓言。可惜，他没办法自己亲自写出誓言了。你想想，唯一能帮他的人就只有我了，你怎么忍心拒绝呢？”

是呀，你怎么忍心拒绝呢？

贾韦德用市面上的眼球追踪设备作为模板，自己制作出一个简易款的，然后和一个叫说出你的想法[①]的组织合作开发相关软件。这个组织也是为有沟通障碍的人士服务的。贾韦德努力的成果，就是用不到100美元的成本价，做出了一款眼球追踪的沟通设备。

贾韦德给堂戴上设备进行测试。堂通过设备说出的第一句话，是对妻子说的："我爱你，洛林。"贾韦德转头看向洛林，看见她发自内心的笑，感受到她由内而外散发的开心与感动。

贾韦德如今可是满腔热血。"我想让每一个需要这款设备的人都能花不到100美元就可以弄到一台，"他说，"而且我觉得我们有可能做得到。这真的是'助一，助众'的真实案例啊。"这句话听起来很耳熟。

创客和商人之间的区别，不仅仅在于他们的技术是否对外界免

---

① 说出你的想法：位于美国罗德岛普罗威登斯的一个非营利性组织，大力支持残障沟通技术的研究发展，同时也为因神经受创或疾病导致无法有效与外界沟通的患者研制和分派设备。——译者注

费公开，还在于驱使他们前进的动力。没错，现在我们在开源的社区里用一台3D打印机能做的事在10年前是完全没法想象的。但除此之外，还有另一个区别：如果你要根据这些人的工作来创建一个业务，那就真的无法想象了。创业成本、研究、发展、法律事务、办公室租赁、软件，等等，开销巨大，相比之下，为极小部分人群研制设备所得的利润空间极其微薄，一经掂量，一切就可以就此打住了。

“也许答案就在我们心中，”贾韦德跟我说，“就在我们自己家里，就藏在衣架上。或许我们需要的是自救，而不是依赖政府，求助于保险公司。科学技术是没有限制的，创意思维也不会被律师或保险公司的三言两语所左右。创意思维是无限的。”

我觉得这当中有点罗宾汉的侠客情怀。也不是说我们得劫富济贫，虽然我们似乎真的或多或少从大公司碗里抢走了一些肉菜，但也不至于到人神共愤的程度，因为我们是真的在给穷人、给有需要的人、给没办法获得帮助的人雪中送炭。

不过，这可别跟利他主义混淆了。正如我之前说过的，你得把这看成是彻底的利己行为。只有利己才能持续。用贾韦德的话说，那就是让你每天一大早起床的原因——不是你付出什么，而是你能获得什么。

就拿大卫来说，他在纽约白原市的伯克康复研究中心主管远程医疗和虚拟康复部门。他们所研究的技术并不是每个人都需要的，只适用于特定的少数群体，他们要找到这些有需要的人，再给他们提供服务。而他就在某个晚上和孩童时期的朋友的朋友喝了一杯，而这朋友又正好在为 Tempt，为“没有不可能”项目做着同一性质的事情，其中引起的蝴蝶效应真让人难以置信。不过话说回来，大卫能从中得到什么呢？

“不少远程康复和远程医疗[①]界的人都担心科学技术会让医药界里人与人的接触和互动减少，那样患者就不需要去见一个真实的医生，只需要跟电脑互动就好了。对我来说，参与‘没有不可能’的重要意义在于，通过这些项目，我能向世界展示科学技术能让世界变得更美好，能让患者恢复更多的日常功能，获得更高水准的照顾，可以做到就算是在两年前也还没法做到的事。为我所从事的事业创造价值，对我来说真的很重要。这些项目让我出了名。因为米克有张大嘴巴，他告诉全世界我在做什么，并向世人解释我为什么要这么做。”

我嘴巴是挺大的……

◆

要时刻谨记推动创客运动发展背后的自私动机（寻找一种贡献社会同时满足自我的方式）之所以重要，是因为这对于创客运动的成败至关重要。不一定要像我那样想办法给苏丹的一个孩子制作假肢，也不一定要像贾韦德那样每天一大早爬起来就是为了研究怎么做好脑书写器，或是大卫说的，当我们把他所做的事向

① 远程医疗：指借助远程信息和通信技术，克服距离、紧急状况或极端环境等不利因素为患者提供临床医疗服务。——译者注

世界广而告之时，他内心感到的是“我所做的是有意义的”的确认感。

动机可以只是金钱。当然那也没什么不对。

创客运动兴起相当于历史某些特定时期的农民起义。到了某些时候，你会跟自己说，自己动手比让其他人代劳更便宜、更快，也更有趣。那或许不适用于汽车和其他大宗商品（不过下一章我也会提到关于车和大宗商品的案例），但在我们目前所做的这种程度，是行得通的。

可是这能赚钱吗？

可以。事实一次又一次证明了，那样做的确能赚钱。找准一个大企业不会瞄准的利基市场①（利润空间小、起步成本高的市场）就行了。以脑书写器为例。我们把成品做出来之后，会有人从网上把我们的设计拿过来，将其进一步改良后向其他有需要的人出售吗？我希望有。你只需要在你的网站上放两条链接：你想自己动手吗？这里有你需要的源代码和安装教程；你想我们帮你做吗？乐意之至，我们会就时间和成本收取一定费用，但相比在市面上出售的，价钱会低很多。顾客可自行选择，创客也有赚钱的机会，皆大欢喜。

你能因此致富吗？这么一个小众市场，就别想了。

至于你能不能找到另一个还未受到关注且目标顾客群体稍微大

---

① 利基市场：英文为 Niche Market，指被拥有优势的企业所忽略的细分市场，且这些细分市场还没有完善供应的服务。——译者注

点的利基市场，只需在家抱着电脑配一台 3D 打印机就能创建一个公司呢?

说不定可以。

也已经有不少人这么做了。

革命的步伐已经在行进中。

第十五章

对抗荒谬的革命：该你行动了

2014 年 1 月，耶夫根尼·莫洛佐夫在《纽约客》(*The New Yorker*) 杂志就创客运动写了一篇全面的历史报道，把创客运动的根源追溯到 20 世纪早期的艺术和手工艺从业者那里。他们认为手工制作可以释放被困在工厂里的工人的灵魂。当时运动没有成功，但却埋下了种子——颂扬简单之美。

莫洛佐夫说："标榜回归自然，把精明消费作为政治活动的一种形式，后者尤为重要。"他还指出，这种思想随着斯图亚特·布兰德出版《全球概览》(*Whole Earth Catalog*) 时浮现。《全球概览》正是非主流人群的思想武装。

但有不少人都忘了，布兰德除了教你怎么做天然皂、搭柴炉以及拿工具在自家墙上钻洞之外，他当年还大力倡导一项新兴的科技——个人电脑，认为它将是解放灵魂的终极利器。是布兰德让"黑客"一词流行起来的。如莫洛佐夫所写：

> 1972 年，他在《滚石》杂志上发表了一篇叫"太空大战"的文章，文章篇幅长，阅读量大，当中介绍了斯坦福大学的人工智能实验室。他将黑客与毫无想象力的死板的技术专家区分开来，写道："当所有人都可以拥有电脑时，黑客便可以大行其道。"对布兰德而言，黑客是"新出现的移动性强的精英群体"。

他像在那个实验室里有过超前体验似的，“那些了不起的人驾驶着他们的飞行器，守护着依然存在柔弱可攻之处的科技发展最前线。那是被剥夺了法律保护的人所享有的一方领土，既无律例可布，亦无律例可循，被剥夺者可以就可行的一切提出要求。”电脑是新药，一种没有副作用的新药。

莫洛佐夫援引布兰德的话说，被警察暴打的学生并非真正的激进分子。真正激进的是“黑客道的神圣骚乱”，“一名黑客是不会把任何事物视为理所当然的，一切皆可进行创意性的改造，由此而形成的多样化让适应性与复原能力得到强化，亦可造福于我们”。

最近被问起如今是谁在高举反主流文化的旗帜时，布兰德说，是创客运动：“打破我们不该打破的规条，还插手扰乱陈规旧矩，基本上相当于旧时的挑战权威，我行我素了。”

听着很耳熟。

克里斯·安德森在《创客》一书中向我们这一群创客狂人喊出了战斗的口号，也喊出了我们的心中所想：“过去10年是用来发掘在网络上创造、发明与合作的新渠道的，未来10年则是要将这些经验应用到真实世界中。”

这种比喻非常贴切：过去10年，全球范围内计算机领域的发展与互联网的广泛应用让沟通、创意以及互联取得了惊人的进步。与我合作的人来自全球各地，我们共享每个人的想法、计划、文稿等各种资料，这些在我爸爸生活的那个年代，是绝不可能实现的。

可在我看来，我们在利用互联的方便性与发挥无限创意空间时，却受到两方面因素的制约。

一个是我们固有的贪欲。让互联网得以萌芽发展的沃土，是信息自由的思想。人们把写好的东西在网上公开分享。作家们看着自己的文字得到广泛阅览，给其他人灵感，改变其他人的思想，衍生出其他想法，其扩散速度等同于电脑运作速度，且每年持续加速。

可一说到我们所创作的东西（不是理念，而是实物），作为社会生物，我们就不太愿意说服自己个中理念（我们所创作的实物当中蕴含的理念）也同样应当无偿公开了。放弃文字版权的想法已经让人难以接受了，更何况是放弃发明创造的专利。简直太恐怖了！

但创客世界却放弃了一切专利。正如我们制作出眼神书写器并将之开源，让它得到改良一样，还有成千上万的发明创造是开源的，然后在开源的世界里得到改良和发展。

而另一个制约因素现在已经被突破了，就是被称为“规模经济”的囚笼。安德森在书里举了小黄鸭的例子。假设你也想做小黄鸭的生意，首先生产装备就得花 1 万美元——设计小黄鸭的成本，还有购买生产机器的投入。所以光是在生产第一只小黄鸭之前，就得先花 1 万美元。不过在那之后，你就只需要花钱维持生产机器的运作。生产出 1 万只小黄鸭后，每只小黄鸭的生产成本就会变得比较低了。

可是 1 万只小黄鸭可不是小数目。如果你觉得卖不了那么多，这门生意就想都不用想了。也就是说，在你购置设备之前，你还得请人进行市场调查，看这门生意是否值得做。这样一来就又增加了创业成本，如果要回本的话，就得卖更多的小黄鸭。

而创客模式就没有这种制约。你用自己的电脑就能设计出一只小黄鸭，而且如果你手头上也正好有一台 3D 打印机，那上述生产过程的第二个步骤你也可以直接略过，一台 3D 打印机就解决了你生产机器的问题，画小黄鸭和打印小黄鸭一个程序就可以搞定。设计好后，你只需点击“打印”按键，转身出去吃个饭，回来便有一只现成的小黄鸭在手了。你可以拿出去卖几块钱，如果再有人想买，那就回家再多做几个。你不需要先垫付机器的成本（除了 3D 打印机和塑胶，而这些的成本价可是每月持续下降的），不需要进行市场研究，也无须考虑规模经济的问题。

只能生产大部分人需要的东西，已经不再成为束缚我们的因素了，我们可以随心所欲地给小众却迫切的群体制作东西。我不知道最终能有多少人因眼神书写器和它的改良版受惠，反正跟 20 世纪的生产商不一样，我不需要知道。

这，就是革命。

◆

那正是我们努力让“没有不可能”达到的目标。我们希望人们能更轻而易举地获得医疗设备、沟通设备，或是他们所需要的其他东西。身为创客，我们扰乱了市场，也正因为我们扰乱了市场，那些有需要却一直没办法取得所需的人才能突然间可以轻松获得所需，进而摆脱困境。

我们把我们所做的视为“对抗荒谬的革命”。为了让所爱的人能够拿到一台医疗设备的人都得穿越供应方、医院、律师、保险公司布下的迷阵。这不是很荒谬吗？在如今这个年代，一个肌萎缩侧索硬化症患者要跟家人沟通，得看着他们拿着一张纸在上面把字母逐个指个遍。这不是很荒谬吗？感觉就像看着有人拿着两根木棍在钻木取火，你也会不自觉地想：谁给他们弄根火柴吧。

到了最后，我们发现，有些理所当然的东西居然是不存在的！这不是很荒谬吗？所以我们就有想法了，创客就开始插手了：只不过是还原世界“该怎么样”的简单逻辑而已。看见这些荒谬的状况，我们只是制造一些本该存在、简易又不昂贵的设备。

但问题来了，有什么方法能保护我们的想法不被大企业剽窃并用于大规模生产、营利呢？或许当中有需要我们保护的发明创作，我们会酌情而为。但总的来说，创客世界的美丽之处在于我们所制作的东西没有广大的市场。我们生产的不是手机，不会发生突然间得人手配置一部的状况。我们针对的是“利基垂直市场”——不会受到广泛关注的小规模却有迫切需要的群体。

就算我们的这种想法真的火了，做出来的东西大规模流行，让大企业也想来分一杯羹，那也很不错。那意味着我们真的扰乱了现有的市场，找到方法让大企业也来解决在现实世界里存在着的却一直没获得解决的问题。

你说，这该有多好。

我们做的其实是融入一个截然不同的现实里。在这方面，我觉得我们都是巴克敏斯特·富勒（Buckminster Fuller）的子女。“你不是通过抵抗目前状况来改变现状，”他说，“要改变什么，就得建立新的模式，让原有模式陷入瘫痪状态。”我真的觉得创客运动所缔造的正是这样一种新模式，“没有不可能”也按照自己的小步骤来触碰其核心：如果你从零开始建立自己的现实（即便是用一些廉价的太阳眼镜和衣架），你也能创造出一些美丽耐用又重要的东西，而且与现有的很不一样。

一旦你与这种新的现实偶遇，你就会发现自己所看到的世界将变得有所不同。你会发现身边都是这种新现实。我很确定我之前肯定在某种状况下也偶然进入过创客的世界，但当时我完全没留意。可当我真的投身其中后，我便发现，创客无处不在，大家都在想方设法解决一直没被解决的问题。解决问题的一小部分（很小的一个问题），大企业在开发、测试、品牌打造、市场测试、再开发、包装和生产时需要耗费巨大成本的那一小部分。对抗荒谬的革命无处不在。

“没有不可能”也在贡献一些想法。我们的“口吃节拍器”仍在早期研究阶段，这是一款帮助口吃者克服障碍流利说话的仪器。另一个项目在研究一款可让父母自行检测孩子是否是视网膜母细胞瘤癌患者的仪器，而且还能在发病初期就能被检测出来。我们还有其他各种各样的项目在逐步成形。

在我们“没有不可能”的网站上，我们同样重视宣传其他不可思议的发明创造，创客运动的规模之大、设计范围之广，创客们的聪明才智，是那么的让人振奋，他们创造了那么多奇迹，就算光是听说那些已经投入到现实应用的创意想法，就已经让我热血沸腾，对下一个项目跃跃欲试了。“没有不可能”的最新一个小分队叫“如今没有不可能”（Not Impossible Now）。我想跟你分享一些故事，因为我希望你也跟我一样，热血沸腾，并对未来的项目跃跃欲试。

DIY 轮椅

希亚·艾科是芝加哥的一名工程师。他两岁半的儿子亚历山大跟同龄人相比显得很特别，因为他患了脊髓性肌萎缩症（SMA）。那是一种先天神经性肌肉疾病，患者肌肉无法接收大脑发出的运动神经信号。亚历山大几乎是不能动的，是脊髓性萎缩症中最严重的一种，只有眼球、手指和脚指头能稍微动一下。“

他是在5岁生日才刚过了大概两个星期的时候确诊的，”希亚告诉我们，“那时候我们连脊髓性萎缩症这个名词都没听说过。当然了，我们后来自己查过相关资料。很绝望。对孩子的人生期望一下子全变了。”

孩子被确诊为重疾的父母都会有这样的感受。他们的梦想变了，不过仍有梦想。有一位母亲曾跟我们说，在她女儿发病之前，每次经过加油站看见年轻人为顾客灌汽油，她都会想：上帝啊，我女儿长大以后可别做这种工作。而如今，她的女儿依然在和病魔抗争，甚至查不出到底是什么病，这种疾病已经把她的气力都熬光了。如今，这位母亲每次去加油站，看到为顾客灌汽油的孩子，她只会想：上帝啊，求你了，让我女儿能有做这种工作的力气吧。

对于希亚和他的妻子来说，他们的梦想是，有一天亚历山大能有一台他自己可以控制的电动轮椅。可荒谬的是，他们买不起轮椅，保险公司也拒绝为他们承担这笔费用。

“他们跟我们说，得等到孩子 5 岁才行，因为在他不到 1 岁的时候，保险公司已经给我们买了一台专用的康复童车了。”希亚说。

比他们的经济状况更为棘手的是技术上的问题——亚历山大的行动极其有限，就算有一台电动轮椅，他又能怎么操控呢？

所幸的是希亚有技术方面的背景。多年来，他一直从事计算机编程和工程师的工作。

他做了任何一位为人父都会做的事：投入可投入的一切，让他儿子可以实现自己的梦想。

希亚知道亚历山大只有脚指头能稍微使点力，所以他得解决让儿子用脚指头来控制轮椅的问题。大部分电动轮椅都有一根操控杆，控制轮椅行进方向和拐弯。如果亚历山大只能把脚指头往下压和向上抬起来，那他要怎么控制轮椅拐弯呢？

希亚说：“我想到坦克和推土机的控制方法，基本上你就只有两个控制器，一个控制器控制着一个踏板。”这是他的第一个想法。后来，厨房的电子秤坏了，这让他有了第二个想法。

一向习惯自己动手的希亚把电子秤拆了维修。在此之前，他从未深究过电子秤的工作原理。可当他拆开电子秤时，他在里面找到了一个神奇的按钮——荷重元（一种测试力量的感应器），那是这一类电子秤的基本运作部件。他想，或许能找到类似的东西用作感应器。

买了几个便宜的电子秤和两双童装凉鞋，希亚就初步为亚历山大弄了台专用电动轮椅。他把凉鞋固定在从电子秤上拆下来的荷重元上，再把亚历山大的脚固定在相应位置。当亚历山大脚趾一使力，荷重元有所感应，就会往连接着的轮子发出信号。

一开始，亚历山大对自己操控轮椅是有所顾忌的。他尝试着把脚指头往下压，轮椅稍微动了一下，然后他便一动不动地坐了一两分钟。没有人知道他到底在想什么，但男孩子毕竟是男孩子，他们对电动车都是毫无抵抗力的，更别说一个长时间行动不了的孩子，所以他一理解操控原理，便停不下来了。

亚历山大右脚的力度比左脚稍微强一点，所以刚开始时电动轮椅老是在打转。希亚想要提高左脚踏板感应器的敏感度，但亚历山大的理疗师制止了他。跟其他孩子一样，亚历山大也会面对难题，但他也得学着自己解决问题。而他最终也真的学会了控制好两脚的力度平衡，让电动轮椅能往前走了。

“我们或许把按照自己意愿随意移动看得太理所当然了，”希亚说，“但想想那个从来没有机会凭自己能力去看世界各地景致的孩子。这对他来讲感觉真是好极了。他爱死电动轮椅了。跟其他孩子一样，他喜欢到处走到处看。甚至有一段时期会不断地往墙壁撞过去，他是故意的。所有蹒跚学步的孩子都会那么做。”

那是希亚给儿子的礼物：让儿子拥有一个像其他蹒跚学步的孩子一样的笨手笨脚的机会。

而希亚居然还将他的设计的源代码在互联网上公开了，让其他父亲也有机会给孩子同样的礼物。那是多么伟大、多么心胸宽广、多么震天撼地的事啊！如果这也不算“助一，助众”的一个完美例子，我真不知道什么才算了。

DIY 盲文打印机

我的儿子们都是乐高[①]迷。跟其他当父亲的一样，我以前觉得，乐高套装是圣诞节买给孩子们当礼物的，等他们兴奋地把礼物拆开，三个星期后，就得你自己嘀咕着把积木砌好。但渐渐地，小子们砌积木的能耐和耐心让我惊讶，他们居然能砌出越来越复杂的乐高了！过去几年，我关注着一批亚文化[②]人群，对他们满心佩服，似乎他们人生的唯一目标就是要用乐高砌出可以想象的一切——从一台实物大小的大众汽车到拿着《星球大战》那种光剑的自由女神像以及一些复杂又美丽得让人叹为观止的雕塑。

而来自加州圣克拉拉的舒巴罕姆·班尼杰却看到一个可以用乐高来填补的空缺，把乐高艺术推上了一个新层次。具体地说，是推上了“没有不可能”的层次。他决定做一台盲文打字机，一台用乐高积木当材料的盲文打字机。

对于失明人士来说，盲文是他们看世界最重要的窗户之一，是他们读写和沟通的方式。不少人都觉得，现在把文档转换成音频文件那么方便，盲文还有需要吗？但提出这个问题的人，没有一位是失明人士。

---

① 乐高：一个儿童积木品牌。——译者注

② 亚文化：又称集体文化或副文化，指与主文化相对应的那些非主流的局部的文化现象，指在主文化或综合文化的背景下，属于某一区域或某个集体所持有的观念和生活方式，一种亚文化不仅包含着与主文化相通的价值与观念，也有属于自己独特的价值与观念。——译者注

如果你的孩子没办法读写，这时有谁跟你说，市面上那么多有声图书，根本没必要去读写盲文，你会有耐性听下去吗？对一个视力没问题的孩子来说，盲文或许是多余的，但对一个失明的孩子来说，却非如此。

舒巴罕姆·班尼杰正是考虑到这一点。

“地球上有两亿人是双目失明或者视力受损的，而这当中有 90% 的人生活在发展中国家，”舒巴罕姆说，“一台普通的盲文打字机要 2000 美元以上。我们就不能想办法把成本降低吗？”

要挑战这项任务，不管是谁，都是值得敬佩的。而舒巴罕姆则更值得敬佩，更让人感动。因为他才只有 12 岁。

“很多人都想着怎么做一些炫酷的东西出来，”舒巴罕姆说，“但我一直在想的是盲文打字机。我们要把 2000 美元的成本降低到 350 美元，只要买一套普通的乐高积木就可以实现了。”

舒巴罕姆选的是一个叫“头脑风暴”的乐高机器人，套装里已经自带了一套驱动机器配件。舒巴罕姆把原本要砌成机器人的积木进行改装，做了一台盲文打字机。他给乐高盲文打字机起名为“Braigo[①]”。这种盲文打字机的原理就是把乐高机器人的部件重装成一台小小的打印机，在相关程序的辅助下，在纸上压出突出的盲文点字。

“很简单！”舒巴罕姆说，“就连我妹妹都会操作。”

---

① Braigo：盲文打字机英文 Braille Printer 和乐高英文 Legos 组合成乐高盲文打字机的名字“Braigo”。——译者注

拥抱保育袋

斯坦福大学有这样一项研究生研究项目：为低体温症的新生儿设计保育箱。其目标是成本价必须不到目前最先进的保育箱售价的 1%。

这是个很棘手的问题。早产儿缺少身体保暖所需的脂肪层。而低体温症可是致命的。每年全球早产儿有 2000 万，其中 400 万早产儿因为各种并发症活不下来，而这些并发症大部分都是由低体温症引起的。所以，只要找到给他们保暖的方法，就可以挽回很多条人命。

传统的保育箱要价至少在 2 万美元，还需要电力供应才能运作，因此，发展中国家的偏远山区有保育箱的医院并不多。父母不得已只能在家尝试各种土方法来代替保育箱，比如：用暖水袋给孩子保暖，或是把孩子放在灯泡下持续照射。这些土方法不但没什么用，而且还容易发生危险。

斯坦福大学的学生简·陈、拉胡尔·帕尼克、莱纳斯·梁和纳甘南德·穆尔蒂在“超低廉设计”的课堂上相识。从一开始，他们就有最基本的原则，跟“没有不可能”和创客运动的原则很相似：第一，理解目标群众的需要；第二，不被现有的解决方案所左右，从问题的根源着手；第三，寻找最简单的解决方案。另外，他们也有个人情感牵绊的因素：其中一名学生在去印度旅游时，遇到一位刚生下一个早产儿的母亲，他们距离有保育箱的医院需要 4 个多小时的路程。到达医院时，孩子已经夭折。

没有什么比这更强烈的动机了。

他们花了两年才找到最终解决方案，但那是一份美丽的发明创造。“拥抱保育袋”看起来就像是婴儿专用的小睡袋，你可以把孩子放进去，然后把它关上。睡袋背面有个口袋，里面装着一堆装满像蜡一样东西的小包裹。那些其实是一种叫“相变材料”的物质，熔点在98.6华氏度，相当于人的体温，大约37摄氏度。将相变包放到热水里融化后再放进睡袋里，就能持续保温4~6个小时，之后只需要再次给相变包加热就行了。

学生们给这种简易保育箱起名叫“拥抱”。拥抱保育袋满足了一切需要：消毒方便，能循环使用，而且价格低廉，只需要大概25美元的成本。研究显示，拥抱保育袋的效果跟市值2万美元的先进保育箱的效果是一样的。

说到通过这种发明创造来打造事业，同时服务有需要的人，这也是一个好例子。

在印度，有一家叫拥抱创新的营利性企业，向能承担费用的顾客出售拥抱保育袋；另外，美国旧金山市还有一家非营利性机构——拥抱，接受善心人士的捐款，向拥抱创新企业购买这种保育袋，然后无偿地向世界各地有需要的人们派发。营利性的拥抱创新企业不但有投资者，还创造了就业岗位（目前有员工大约70人，而且员工人数在快速增加）；而非营利性的拥抱机构也在扩充，不但提供婴儿保暖设备，还提供产妇健康医疗项目。拥抱项目目前已经覆盖了11个国家，惠及多达6万个体重过低的婴儿和早产儿。这真是一项了不起的让人激动的成就！

不过说到鼓舞人心，没什么比得上2011年4月9日他们给印度班加罗尔送出去的第一批保育袋的经历了。“在临近产品发布的那段日子，真是什么问题都让我们给碰上了。一部分产品生产所需部件遭海关扣押，另一部分没能按时交付到我们手上，还有清洗标签贴错位，”他们在网站上写到，“经过大家的一番努力，我们终于准备在4月9日把第一批产品送出去。然后，在去诊所的路上，运输汽车爆胎了。所有人只能下车，挤上一台机动三轮车，亲手把第一批保育袋送到小花妇产科。那次经历很有象征性：不管我们面对多少困难，不管爆了多少次车胎，我们都能想办法达成目标！”

愿上帝祝福你们，兄弟姐妹们！愿上帝祝福你们！

宝贝快跑

科尔·盖洛威医生在特拉华市纽瓦克的一家儿童保健中心里有一个实验室，就儿童早期发育和儿童行为进行研究。他发现，一旦你让孩子们自己四处跑到处看，他们学习的能力便会得到迅速提高。自由行动大大提升了大脑学习的能力。可大部分残障儿童得等到5岁甚至6岁才能有资格获得一台电动轮椅。于是盖洛威和一名同事就有了想法并开始着手研发机器，以便让那些年纪较小的孩子也能自由行动。与无法行动的孩子相比，自由行动的孩子的认知能力发展速度惊人。

但还存在一个问题：所研发的机械设备至少需要花费2万美元。能负担得起的家庭没几个。

没想到去玩具反斗城转了一圈，让他灵机一动，产生了一些想法。

他可以买一辆《汽车总动员》里的那款电动车啊。他真的买了一台，然后到五金店买了一些 PVC（聚氯乙烯）管和其他零件，把儿童电动车改装成一部残障儿童可以开的电动车。

第一台宝贝快跑（电动车）就这么诞生了。

在儿童保健中心的研究室里，盖洛威医生每天都看着那些残障儿童。那些原本无法行走、只能被小伙伴们抛在身后孤零零的孩子们现在能开着自己的小电动车往前冲了，那些笑开了花的小脸，正是他所需要的动力。

而且盖洛威医生还发现，他改装过的电动车，除了能让残障孩子自由行动外，还能带来很好的理疗效果：一个叫莎拉的小女孩，因脑部受损，所有人都觉得她没办法自己把头抬起来，可她坐上电动车后没多久，居然办到了。她抬起了头，好奇地观察身边的一切。还有一个叫山达的小男孩，原本需要依赖拐杖行走。盖洛威把电动车改装了一下，让他开车的时候可以不用坐着，而是站着。山达开始站起来了，腿部肌肉得到锻炼，很有可能没多久就可以抛开拐杖自己行走了。

盖洛威改装电动车的兴致越来越高，一台接一台地改装，直到一位好心的同伴跟他说，你慢着点，还是先把专利申请好了再说吧，否则你的发明就要被别人偷走了。

“那天我获得了很大的勇气，”盖洛威医生说，“我跟他说，‘通往地狱的路，由诸多善意铺成。’”

就在那一天，他决定把他的发明分享给大家。

自那起已经三年了：他一将宝贝快跑电动车在互联网上开源，

美国甚至世界上其他国家就开始有人改装电动车。他上传了改装指导视频，从美国的辛辛那提市到波兰再到新西兰，都有志愿者开设宝贝快跑中心。他亲手改装的电动车就有上百辆之多，而其他看了他的视频并决定成为宝贝快跑项目一员的，更是不计其数。

“我们不再是主导了，”他说，“我们当追随者就行了。我们刚刚获得美国国立卫生研究院的拨款，并得到了该有的重视。不过我们能获得拨款是因为草根的力量——来自全球普通家庭的力量。这是一个非常疯狂的故事。我们只是一个受到普罗大众支持和喜爱的传统研究实验室而已。”

同样，这正是开源世界的美妙之处。专利获批是一个漫长的过程，谁知道有多少孩子在年复一年的成长过程中焦急地等着呢？更何况，盖洛威明显无意拿他的发明创造来赚钱。不过现在孩子们不用再遥遥无期地等了，他们已经可以自己去看世界了。他们的身体比过去健康，认知能力得到发展，每天都过得更开心。

你说，这该有多好！

◆

上述事例都只不过是事例中的极少一部分。人们遭遇难题时说：我能做到。光是那么说，光是相信他们能做到看似不可能的事，世界就已经开始改变了，这改变是不可估量的，不可逆的，永远的。

说到“没有不可能”项目，我们还有很多不可能实现的梦要去实现。其中一个源于我的一趟墨西哥之旅。

2013 年 5 月，我到墨西哥去参加儿童康复中心募捐活动 。这个募捐活动一年举办一次。募捐当天，电视台和电台会为这些儿童康复中心设置 24 小时募捐热线。我的朋友杰米·卡米尔是一位在墨西哥出生的歌手兼演员，常年墨西哥和洛杉矶两地跑。就是他给我从中搭桥引线的。我跟中心的创办人费尔南多·兰德洛斯见面，并参观了他们位于墨西哥市的设施。估计他们提前跟大家说过我会来，也讲过一些“没有不可能”的事吧，其中一位年轻患者亲手画了一幅画，还用画框裱好了送我。画里他坐着轮椅戴着水肺在潜水。如果说有哪幅画能很好地捕捉到“没有不可能”精神的神韵，就是这一幅了。

至今，这幅画依然摆在我的书桌上。

一位年轻患者送给我的一幅画。

该康复中心在墨西哥全国上下共 21 所，每一家规模都很大。我到达其中一家的时候正值中午，但这 21 家中心当天已经替 1200 名患者进行康复训练了。

在中心每走一步，就让我对负责这一切的费尔南多的崇敬更添一分，让我对中心所有工作人员的敬佩更添一分。那天下午临近参观尾声时，我脚步定住了。

因为我看到了脚被固定住了的孩子们，靠一台机器教他们重新学步。

那是一台专为残障人士设计的机械步法设备，我称之为“步行机器人”，这是为患有脑瘫和其他神经组织退化疾病的孩子们进行康复锻炼的机器。步行机器人在膝关节和踝关节处各有一个直径 30 厘米左右的白色椭圆形盘子，盘子之间用金属杆连着。康复人员用那种举重腰带给进行复健的孩子固定好身体，靠天花上的支撑架吊着撑直身体，然后让他们在跑步机上“走路”。

其实，走路的动作都是那个步行机器人在做，因为这些孩子根本没办法自己走，甚至根本不能走。但这些步行机器人却能让他们知道步行是什么感觉，让那些孩子们的大脑受到刺激后向腿部肌肉发出运动信号，一步步地重组孩子们的神经，让孩子们学着自己走路。

就在我们看着的时候，一个正在用步行机器人训练的叫罗西奥（西班牙语里“露珠”的意思）的小女孩转向我们，虽然她没办法自己走路，但她却在对我们笑。她的笑容，温暖得能让你的心融化。

这款设备的设计真是极其简单却又合理，而且还非常有效。他们跟我说，如果用传统的理疗方法（理疗师通过助行架或其他传统设备对那些孩子进行康复训练），孩子需要大约 5 年才能重新行走。但如果用这种机械步法设备，只需要 1 年。只需要 1 年，孩子们就可以自主行走。

等等。你说什么?

不是 5 年，而是 1 年? 那为什么其他人不用步行机器人?

跟费尔南多吃午饭的时候，一逮着机会我就会问他："既然这种机械步法设备这么有效，为什么不多买几台? "

"太贵了，"他说，"这东西一台就要 100 万美元。"

等等。你说什么?

我惯用的那一套思路又启动了：先承诺了，再想办法兑现承诺。

"简直荒谬！"我跟他说，"就只是一些捆带、几个吊钩、一个支架、一堆金属杆和一个跑步机罢了。如果我能用 1/5 的价钱做出一台来呢? "

他毫不犹豫地回答："那我买 20 台！"

就这样，我们又有理由来过一个黑客狂欢周末了，找一堆比我聪明得多的人过来，让他们为罗西奥小妹妹想一个更好、更便宜的解决方案。

我完全不知道要怎么做。

不过，我很有信心我们完全能做到，对此我没有一丝质疑。

◆

我未曾料到的是丹尼尔项目在社会上会引起那么大的反应。

2014 年 1 月 6 日，我们把丹尼尔项目的视频在拉斯维加斯的国际消费类电子展上公开。一夜间，“没有不可能”的邮箱被来自四面八方的求助邮件塞爆了：你能帮帮我姐姐吗？你能帮帮我女儿吗？你能帮帮我丈夫吗？你能帮帮我儿子吗？甚至，你能帮帮我的国家吗？

第一封邮件是一个隶属于联合国的组织发过来的，问我们是否能把丹尼尔项目与他们目前在乌干达所从事的人道主义工作联合起来。之后的那些邮件有从巴基斯坦发来的，有从印度发来的，也有从哥伦比亚一个非营利组织发来的。但没有一封邮件能够比接下来的这一封更让我震惊。

这封邮件是一个名为坦桑尼亚白化病组织的机构发来的，老实说，第一眼看到这封邮件，我还以为是垃圾邮件，对方请求我帮助一位坦桑尼亚王子把 100 万美元转到美国，其中有 50 万美元是要拨到我们“没有不可能”项目的。

不过我还是认真读了这封邮件。

致丹尼尔项目的相关负责人：

有幸听到关于丹尼尔项目的介绍，了解到其为苏丹的孩子们制作假肢的 3D 打印项目。

坦桑尼亚是世界上白化病患者最多的国家之一，据有关数据统计，坦桑尼亚白化病患者多达 17 万人。白化病是一种遗传疾病。患者因缺少黑色素，导致皮肤、头发和眼形成缺陷，对阳光甚至亮光敏感。不少患者还因此造成视力衰退。

因为荒谬的迷信，人们始终认为白化病患者拥有神奇的魔法力量，导致白化病患者成为被攻击的目标，不法者将白化病患者的腿、手、手指、脑袋和生殖器官切下后，出售给迷信者进行各种巫术和祈福仪式。

过去的5年，情况严重恶化。不管国际社会如何强烈地谴责，不管坦桑尼亚政府一次又一次地打压制止，这种屠杀行为却仍在持续。在不法市场里，白化病儿童的肢体是最受青睐的。

我的组织，坦桑尼亚白化病组织，致力于帮助这些受迫害的白化病患者。但不幸的是，我们的预算很少，外界帮助也很有限。

我在邮件里附上了一些受害者的照片。

所以，我们特别希望能为这些受害者开展像丹尼尔项目那样的“没有不可能”的项目。

坦桑尼亚白化病组织是由志愿者推动的，其中大部分志愿者都是白化病患者。我们的总部位于达累斯萨拉姆的一家医院旁边。如果能开展这个项目，我们不但能帮助因为这种不人道的攻击而失去手脚的白化病患者，还能帮助其他残障人士。

期待你的回信。

邮件落款是坦桑尼亚白化病组织的一位志愿者。附件里的照片让人震惊，令人心碎：白化病的男男女女，甚至孩童，全部是缺手断指的。真是让人难以置信。艾略特也读了这封邮件。我们就这么无语地盯着彼此好长一段时间，不知道要说什么。

不过，也没什么可以说的，因为要做的决定也没多少选择。也可以说是命运已经做好了它的决定，就等着我们去行动了。

于是，丹尼尔项目 2.0 诞生了。我们把它称为“没有不可能全球实验室”。

启动项目需要进行大量的后勤和组织工作，不过只要这些工作能做好，在几个月内，我们就能在十多个国家开展项目。想象一下那光景，其实有点让人胆怯。可是那样一来，我们就能制作假肢，能用 3D 打印机打印出其他医疗设备，还能在印度、塞拉利昂、海地、智利、尼加拉瓜等国家推广其他更简单的技术，像制砖机等。这当中当然少不了坦桑尼亚。

哇，太棒了！

这对一个原本只靠做商业制图谋生的人来说也不坏呀。我演讲时，有人问：“当这些都实现了之后，你觉得你会改变多少人的人生？”这问题挺有趣的，因为我很清楚答案——只有一个。

只改变了我的人生。

一路以来，实现没有“没有不可能”的历程或许影响了很多人，我也希望能帮到他们中的一部分，但说实话，其中影响最深的，其实是我自己。我没办法用语言文字给你描述，能从事这样的工作，能把这种信息扩散出去，让每天醒来的我有多开心。我从未想象过，以前读了那么多励志的书籍，会以这种方式来实现其意义和价值。

在这一段漫长奇妙的旅程中，我一次又一次地告诉自己和大家，我们的奋斗计划其实很简单，即“助一，助众”。

可从前我不懂，你首先要帮助的其实是你自己。一旦你决定了彻底地自私，让自己过上那种每天早上醒来就会绽放笑容的人生，世界就会在你面前敞开一片新天地。一个全新的神奇新天地。我是何其有幸能融入这片新天地之中。

我希望，你也能踏入这一片新天地。

“没有不可能”的未来，就像罗德·瑟林在《迷离时空》（*The Twilight Zone*）里一开始说的：“我们正在进入不管是事物还是想法都很奇妙的天地，其领土广袤如想象力。”

而我们往那里注入越多的想象，那空间便越是广袤。

我们能做出步行机器人吗？我们能在其他国家开展“没有不可能全球实验室”吗？我当然希望了。

不过在那之前，有一件事我现在就能确定地跟你说：如果你能访问我们“没有不可能”网站，告诉我们你愿意加入我们的队伍，我们成功的机会便会更大。

现在，我会给你同样的提议，跟我当年给艾略特的提议一样。我把提议写在这本书里。这可是一个你不能拒绝的提议。不要把它看成一叠纸张。

这其实是一本新的编年史。记录你即将重新起航的人生。

一旦起航，未来会给你意想不到的惊喜。

当你回过神来，或许你已经把“不可能”变为“可能”了。

你说，这该有多好！

致　谢

卡斯凯：要把对你的感谢用文字表达出来，其实是最困难的，因为在这份感情面前，任何语言都显得苍白无力。要说你是我的支柱、我的灯塔、我的基石，都无法表达你对我有多重要。我能做到这一切，都是因为有你。我无法想象世界上还会有另一个人能像你那么无条件地理解我，支持我，爱我。你懂得怎么激励我的同时让我脚踏实地工作。你给了我世界上最好的 3 份礼物——我的儿子们，他们看起来长得跟我们还真像！回想大学时期，恍如昨日，却浓缩了我们的一生。感谢你源源不断的热情和无怨无悔的支持。感谢你成为我此生的挚友。感谢你让我和我们一起生活的每一天都充满意义。也感谢你一路至今 20 多年岁月的陪伴。

安格斯、博和崔斯：你们是我的世界。每天醒来我都会为身为你们的爸爸而感到骄傲。你们勇敢、无畏、善良又爱冒险的灵魂赋予了我的生活无尽欢乐。希望你们读到这本书的时候能理解，到我写下这段文字为止，我在你们生命中缺席的日子都是万不得已的，那期间我经历了我至此为止最艰难、最不可思议的历程。你们对生命的热情与好奇给了我无尽动力，也让我对生命充满了希望。若终我一生给你们带来的鼓励和灵感能有你们给我带来的鼓励与灵感的一小部分，那我也算不枉此生了！我爱你们，我的小笨蛋们！你们是我的小笨蛋小笨蛋小笨蛋！

妈妈：当我静下心回想我的人生，去想我为什么会做这一切，去想为什么我会是这样一个我的时候，都会有神奇的事情发生。但更神奇的是，我发现我之所以写下这一本书，最重要的原因之一，是你——如此一位伟大的母亲，你在过去40年里用自己的实际行动在我内心埋下的种子。谢谢你，妈妈。我爱你！

兰斯：如果说我想要一个怎样的弟弟，那我想要的弟弟正是你这样的。你是世界上最懂得怎么鞭策我、挑战我和逗笑我的弟弟兼知心好友。我们一起生活的点点滴滴，正是我之所以是今天的我的核心组成部分。能被你叫一声“哥哥”是我的荣幸，期待着日后每一次跟你去骑山地自行车，去钓鱼，去滑雪，去爬山……去缔造更多属于我们的共同回忆。当然还一定要带上我们家族最小的小可爱了。

米拉：你是我弟弟的最佳伴侣，也是我和我家人的最佳姐妹。感谢你的一切，感谢你融入我弟弟的生活，感谢你融入我们的家庭。请一如既往地风风火火吧。

安佐：虽然你还读不懂这些字，但相信很快就可以了。生为艾柏林家族的一员，你天生就该出去闯荡、去冒险，出去制造些麻烦、犯些错误。身为你的伯父兼教父，我期待见证你的成长，期待你成长为一个好奇心十足的人，期待你不断挖掘自我，不断探索你有能力去改变的神奇世界。

格莱美和波波：你们真是大好人！感谢你们在我为了“没有不可能”项目离家冒险探索的那段日子对我的家庭和孩子们的照顾。

只要想起你们跟他们在一起，关爱他们，开车载着他们到处去玩，支持他们，还有最重要的是给他们烤糕点，我就忍不住会心地笑。感谢你们的慷慨，感谢你们为我们付出的时间、精力和关爱。

霍特：感谢你对我妈妈那么好，还经常陪我的孩子们玩耍。那些特别的时刻我都会永远记得的。

莱斯利·美雷迪恩：自从第一次和你聊天，你就让我知道你很清楚"没有不可能"的目标和愿景：让不可能成为可能。在"没有不可能"的新旅途上，你给了我莫大的支持。感谢你所做的一切。就让我们把《圣经》谨记于心，继续于世行善吧。

朱迪斯·科尔：致予你莫大的感谢，非凡的出版人。你对这本书的信任，对我所做的事的信任，是这本书能够出版的原因。

另外，当娜·洛弗雷多，是你们手把手地教我们每一个步骤；保罗·奥兹斯基，你不但是世界上最好的、也是我最喜欢的图书代理了；还有西蒙与舒斯特出版社负责此书出版的全体成员：大卫·布朗、杰姬·周、李安娜·伍德库克、莎拉·怀特，和聪明绝顶又耐心过人的帕翠西亚·罗曼诺夫斯基·芭舍。感谢你们的巨大付出，同时你们让我知道，拥有一支最佳团队意味着什么，使我终身受益。

杰夫·克莱曼：因为一封意料之外的邮件，所以才有了这一切。"如果你有出书的意愿，请让我知道。你应该有很不错的故事可以跟其他人分享，而一本书正是跟其他人分享故事的好媒介。"此前，我从来没有想过要出书，因为你，我的书现在出版了。感谢你成为我的夏尔巴人[①]，充当我新历程的向导。从我们的第一次见面起，对于我的工作，你就有燃烧不尽的热忱和激情。你永远会给我进行逻辑的分析和选择，帮助我以最终出版目标为指向，一次又一次地于各种烦琐杂事当中厘清先后顺序。你说的每一句话都是严谨的、富有逻辑的分析，也从来只接受最佳方案。感谢你给我发来第一封邮件，感谢你实现了这本书的出版。

菲尔·勒曼：神奇！如果要用一个词浓缩与你共事的经历，那只有“神奇”这个词是最接近的了。从一开始，你就让我有受到被最有经验的人照顾的安全感。你从我记忆里抽取有意义的点点滴滴的能力，简直堪称神奇。你不遗漏缝隙地完美融入艾柏林家族和事业，并于其中穿行自如，这让人佩服。你把我的故事视如自己的故事般认真以待，极好地反映了你极致的专业态度和过人的天赋。让你成为一个爱做煎饼沉迷爵士乐的超级写作英雄的正是你对这本书的热情以及对于这本书该是如何一本书的那份无可动摇的确信。感谢你让这本书得以成功出版，我的朋友。

丹尼尔：有生之年，我不会忘记那一年的 11 月 11 日。那一天，你吃的那第一口饭，向世界证明了“没有不可能”的意义。证明了你的笑容、你的精神和你的毅力。儿子们经常谈起你，就像你是我们家庭的一分子一样，现在的你的确是。愿世上每一个人都能在某一刻遇见他们生命中的那个丹尼尔。与你相遇，让我成了一个更好的人。谢谢你！

---

① 夏尔巴人：又称雪巴人、谢尔巴人，是尼泊尔和印度的山地民族。

乐享

挑战不可能之事的艺术与乐趣

Tempt：你就是那个启蒙的灵魂。我在你身上寻找灵感和鼓励。向我展露你慷慨的灵魂，允许我进入你的人生，是你对我的恩赐。我的人生因为遇到你而真真实实地变得更好更有意义。你是我们家族的楷模和英雄，能让我们继续参与你的人生，是我们的荣幸。我得以启程走上这一趟奇妙冒险之旅并继续走下去，正是因为你。感谢你！

权先生一家：谁会料到我们那天在 The Pantry 餐厅第一次碰面后，事情会发展到现在这种程度。那天是我们一起踏上旅途的第一天，也是“没有不可能”的诞生日。感谢你们让卡斯凯和我走进你们的生活。我们是彻底的陌生人，而你们对我们的彻底信任是现在“没有不可能”所有一切的落脚石。

卡丹纳医生：“常布道，尽简言。”在你跟我说这句话之前，我从未听有人这么说过。但这句话却浓缩了你作为一名医生、一位天主教信徒和一个人的一切。感谢你坚持用自己的人生履行这句话的意义。你的干劲与坚定的信念是我所追求的。你的干劲与信念让努巴山区的人们的生活有所改善。若你没了那份干劲，我们不会相遇，丹尼尔项目也不会诞生。感谢你！

圣母医院和吉岱尔山的各位：在那片广阔的土地上只能屈居于一角，还要面对如此残酷可怕的不公，我无法想象有人能比你们更好客，更大方，更快乐。我时常和卡斯凯说起我有多想你们，多希望再去看望你们。我融入你们的生活，虽然时间极短暂，却永远改变了我的人生。感谢你们！

理查德·凡·艾斯和贝斯·凡·艾斯：你们热情慷慨的程度，

不管是在过去还是将来，都是让人难以置信的。感谢你们对丹尼尔项目如此信任，飞越半个地球来美国，也敞开家门招待我，教我，给我打基础，喂饱我，然后把我送上路，让我得以按照你的方法去开展我所做过的最重要的项目。理查德，虽然我们之间存在大量分歧的意见（两块顽固的臭石头碰一起没分歧才奇怪），但你永远是让丹尼尔项目成为可能的尤达大师[①]。感谢你！

丹尼尔项目团队全体成员：德奥、安德里安·贝里克、蒂姆·弗莱西亚、彼得·莫钦斯基、菲利普·亚申、SP团队慷慨的各位成员以及圣母医院热情的众人，你们都是如此伟大的人，感谢你们让原本不可能的丹尼尔项目得以实现。

奥利、爱德华、碧翠斯、劳埃德和Precipart集团的所有家族成员：感谢你们对“没有不可能”的热心承诺。与你们共事感觉就像和家人相处一般亲切。在关键时刻，你们挺身而出，在丹尼尔项目最需要帮忙时，你们义无反顾地助我们一臂之力，那份忠诚是我无法忘却的。感谢你们！

英特尔小组的凯文、当娜：我们一起开展的是一趟多么奇妙的旅程啊！感谢你，当娜，能在我们需要你的时候挺身而出助我们一臂之力。还有凯文，你是一个很棒的倡导者和伙伴。你们都是非常棒的人。感谢你们！

维纳布尔斯·贝尔：感谢你对“没有不可能”和丹尼尔项目的鼎力支持和拥护。保罗、汤姆、艾瑞克、伊斯拉、罗伯、克雷格、

① 尤达大师：《星球大战》里的人物。——译者注

凯特、艾里克、乔、卡拉、莎拉、吉利安·迈克尔，还有美雷迪恩，你们都是了不起的工作伙伴。你们让我感觉到，你们一直在为最好的创意努力，对于你们对丹尼尔项目无尽的支持，我有无尽的感激。

威尔·麦金尼斯：兄弟，谢谢！感谢你相信我，支持我，愿意为我冒险，感谢你不遗余力的付出和凭直觉做出的决定。我支持你，不论何时何地。

大家族：布拉克尔家族、格拉汗姆家族、莫菲特家族、图特勒家族、布莱尔家族、富尔弗德家族、万利茨家族以及德华家族，有像你们一样的家族，人间亦如天堂。

迈克、克里斯和罗伯特：有像你们一样的挚友，夫复何求？人生在世，大半生中有你们相伴左右，幸运之至。我们一起度过的那些岁月，我们共有的回忆与欢乐，让我能写出一本书来。感谢你们这么多年以来给我带来的欢声笑语。谢谢你们一直与我吵吵闹闹，谢谢你们的巴厘岛之旅，谢谢你们的宝盒，也谢谢你们让我视如己出的孩子们。而我最想道谢的，还得数你们给我的那份从未间断过的爱与友谊，尽管我很有可能是你们最难沟通的一个挚友。希望你们知道，就算有时候我们很长时间都没办法聊天或见见彼此，我对你们的爱和我与你们的友谊，也只会有增无减。

给我写信的所有亲友：在我身赴苏丹期间给我写过信的所有人，是你们的信让我能继续走自己的路，更重要的是，是你们的信时刻在提醒我，生命中能有你们，是我的幸运。

索尔：你就像我的家人一样。感谢你的信任与不知疲倦地替我进行宣传工作。由你来负责宣传工作，有你的支持，让我信心大增。就让我们继续每年都吵吵嚷嚷，继续头脑一热地去冒险、去闹笑话吧。

保罗·拉沃伊：尊敬的先生，感谢您为我做的所有事。感谢您给我的建议、引导、美食佳酿，还让我借宿。更要感谢您对我尽心尽力的支持、相信我所做的一切。感谢您！

汤姆·邓拉普：感谢你一直以来都作为我的忠实粉丝、卫士和朋友。感谢你在我远在苏丹时确保我们能有一个候补计划，并在我远行期间给予卡斯凯信心和安全感。

威尔·特拉维斯：感谢你相信我所做的一切和对这一切的热情。你一直都是我的拥护者和支持者。是你激励了我：你清晰的目标、你的动力以及你对冒险无止境的追求。不管未来如何，都期待和你在“没有不可能”共创未来。

凯尔·布朗：上帝！这一路真是了不得！我说的可不只是《萤火虫》这首歌。感谢你对我要做的事全心全意且坚定的信任。我们所做的每一件事，无一不倾注了你没有一丝犹豫的真心与灵魂。感恩有你的才华相助，对我事业的付出和不变的忠诚。认识你，让我既交到一位朋友又有了一位出色的编辑，一举两得，不是幸运二字可形容的。感谢你！

史蒂文·麦考林：感谢你长久以来都是我的挚友、粉丝、支持者，不但给我提供住宿，帮我解决食宿问题，还让我迷上艺术品收藏。

迈克和马修：虽然才认识你们不久，但你们对“没有不可能”的信念是有目共睹的。期待和你们一起开创的没有不可能的未来。

艾略特：伙计！要从哪里说起呢……你天生就动力十足。话不多却高产。能想出那么多点子，还能让每一个构思都变得更完美，这能耐真是让人佩服不已。“没有不可能”所代表的一切，都能在你身上体现，而且要是没了你的话，一切都会缺失很多乐趣。每一封你在午夜过后发过来的邮件都在高呼着你不懈的信念和承诺。感谢你那些冷场的俏皮话、放纵的笑声和你过人的眼光，还有萨姆。谢谢你！

梅根和苏菲亚：你们两位简直就像发电厂一样，不断给我动力，不断提醒我，与热情聪慧、全心全意工作又爱玩乐的人共事是多有趣的体验。感谢你们的信任和你们为了让“没有不可能”得到最大程度发展所做的贡献。

“没有不可能”团队：和你们共事是我的责任、权利和荣幸。若此生往后能继续与你们那样热情又有能力的人共处，这一生将是值得回味的一生。

大卫：感谢你对“没有不可能”最大限度的信任。只消5分钟就毫不犹豫地跳上飞机与我同行，还有你的非凡的逻辑分析能力以及你无法拒绝我们所需要的帮忙，都是我要说声谢谢的。这也是我们能结成联盟的原因。也要感谢每次我到纽约时你对我的款待（特别是阻止罗斯偷吃我的荞麦面）。罗斯，你块头很大，不过想必你自己也知道。谢谢你所做的一切。

贾斯德：要感谢你，却不知道该从何说起。有什么能比你毛遂自荐成为一名“没有不可能”的疯狂科学家更棒的事呢？你无限的热情与坚定的信念不但具有感染力，还能让每个与你接触的人受到鼓励。感谢你是那么一个了不起的、聪明的、有天赋的、热情的人。感谢你体现了“没有不可能”所代表的一切。

迈克、亚历克斯和阿兰：非常感谢你们一直守护着我们的“重镇”。迈克，在我的职业生涯里，你一直都是一个值得我推心置腹的不可多得的好友。我无法想象若是没了你，“没有不可能”和艾柏林集团会怎样。亚历克斯，对于你给我、我的公司和我的家人的贴心照料，我真是无以言谢。阿兰，有你给我助阵，让我高枕无忧。感谢你们成为我强壮的战略性伙伴的同时，还充分展现了你们热情的一面。感谢你们！

斯科特·海丁格：不知从什么时候开始你已经正式成为我们“没有不可能”的创意总监、艺术总监和品牌经理（其实我知道你自己并不知道这事）。不过你不时地出现，让我们把一切都做得更好了。感谢你指导我们打造视觉创意品牌。感谢你设计的书封。感谢你一直以来都是那么了不起（又自觉）的朋友，任何时候都愿意为即将启动的艾柏林计划出一份力。

皮特、瑞克、维克、达娜、特德、卡拉和这里未提及的所有德国设计团队成员：感谢你们设计出来的书封。你们都是很有才华的人。感谢你们！

最后，我还想对这本书的所有读者朋友说：我们出版了这本书，就是希望与你们分享我们所做的故事。还有，希望你能加入我们的队伍。我们还有大量位置空缺，还需要大量志同道合的朋友。咱们在下一个“创客周末”不见不散！

只要你拖个睡袋过来，我就给你煮意大利面。